消防设施操作员实操考评要点系列丛书

消防设施操作员 高级实操知识点

——检测维修保养方向

主编 李镇岐 李 滨 宋晓丽

中国建材工业出版社

图书在版编目(CIP)数据

消防设施操作员高级实操知识点.检测维修保养方向/
李镇岐,李滨,宋晓丽主编. --北京:中国建材工业出
版社,2022.7

ISBN 978-7-5160-3506-1

Ⅰ.①消… Ⅱ.①李… ②李… ③宋… Ⅲ.①消防设
备—资格考试—自学参考资料 Ⅳ.①TU998.13

中国版本图书馆 CIP 数据核字(2022)第 089385 号

消防设施操作员高级实操知识点 ——检测维修保养方向
Xiaofang Sheshi Caozuoyuan Gaoji Shicao Zhishidian
——Jiance Weixiu Baoyang Fangxiang
主 编 李镇岐 李 滨 宋晓丽
出版发行:中国建材工业出版社
地   址:北京市海淀区三里河路 11 号
邮   编:100831
经   销:全国各地新华书店
印   刷:北京印刷集团有限责任公司
开   本:880mm×1230mm 1/32
印   张:11.75
字   数:340 千字
版   次:2022 年 7 月第 1 版
印   次:2022 年 7 月第 1 次
定   价:36.00 元

编写说明

为适应消防设施操作员职业资格考试的要求，引导应试学习的方向，以及指导应试人员复习备考，根据《消防设施操作员国家职业技能标准》和"职业活动为导向、职业技能为核心"的指导思想，对消防设施操作员职业技能鉴定的内容予以解析，我们组织部分专业技术人员和有关企业的专家编写了《消防设施操作员实操考评要点系列丛书》，全书共分三册，包括《消防设施操作员初、中级实操知识点》《消防设施操作员高级实操知识点——监控操作方向》《消防设施操作员高级实操知识点——检测维修保养方向》。

本书按照《消防设施操作员国家职业技能标准》，以工作要求为主，共132个知识点，主要介绍高级消防设施操作员维保检测方向实操考评要点，包括火灾自动报警、自动灭火、柴油发电机组、防火门监控、消防设备末端切换等系统的操作、维护保养及维修检测。

本书编写分工如下：要点001至要点028由李家冀编写；要点029至要点056由刘世权编写；要点057至要点081由庞璐编写；要点082至要点109由夏宇编写；要点110至要点128由张硕编写；要点129至要点132及检测方案书示例由王建维编写。

在本书编写过程中诸多专家进行了审阅，提出了宝贵的修改意见，在此表示由衷的感谢。

由于编者水平有限，且时间仓促，书中难免存在不足之处，希望读者批评指正。

编　者
2022 年 5 月

目　　录

目　录

要点 001　模拟测试火灾报警控制器的火警、故障、监管报警、屏蔽和隔离功能

职业功能	工作内容	技能要求	相关知识要求	分项考点	分数	总分
2 设施操作	2.1 火灾自动报警系统操作	2.1.1★能模拟测试并实际操作火灾报警控制器的火警、故障、监管报警功能和屏蔽、隔离功能	2.1.1火灾报警控制器的火警、故障、监管报警功能和屏蔽、隔离功能的测试方法	1. 模拟测试火灾报警功能	0.1	0.6
				2. 模拟故障报警功能	0.1	
				3. 模拟监管报警功能	0.1	
				4. 模拟屏蔽功能	0.1	
				5. 模拟隔离功能	0.1	
				6. 填写记录	0.1	

一、操作准备

1. 技术资料

包括火灾自动报警系统图，火灾探测器等系统部件现场布置图和地址编码表，火灾报警控制器、消防联动控制器的使用说明书和设计手册等技术资料。

2. 实操设备

熟悉集中型火灾自动报警模拟演示系统，准备旋具、万用表等

1

电工工具，秒表、声级计等检测工具。

3. 记录表格

《消防控制室值班记录表》《建筑消防设施故障维修记录表》。

二、操作步骤

1. 模拟测试火灾报警功能

（1）通过触发系统中的一只手动火灾报警按钮（或者点型感烟火灾探测器）动作，发出火灾报警信号，使系统中的火灾报警控制器进入火灾报警状态。

（2）检查火灾报警控制器是否发出火灾声、光报警信号，红色火灾报警总指示灯是否点亮，火灾报警控制器显示器是否显示火灾报警信息。

2. 模拟故障报警功能

（1）通过摘除系统中一只手动报警按钮（或者点型感烟火灾探测器、点型感温火灾探测器）与火灾报警控制器之间的连接线，使系统中的火灾报警控制器进入故障报警状态。

（2）检查火灾报警控制器是否发出故障声、光报警信号，黄色故障报警总指示灯是否点亮，火灾报警控制器显示器是否显示故障报警信息。

3. 模拟监管报警功能

（1）通过手动触发系统中的一只输入模块，模拟产生监管报警信号，使火灾报警控制器进入监管报警状态。

（2）检查火灾报警控制器是否发出监管声、光报警信号，红色监管报警指示灯是否点亮，火灾报警控制器显示器是否显示监管报警信息。

4. 模拟屏蔽功能

（1）通过摘除系统中一只手动报警按钮（或者以总线方式连接的点型感烟火灾探测器、点型感温火灾探测器等）与火灾报警控制器之间的总线连接线，使其进入故障状态。

（2）在火灾报警控制器上选择故障屏蔽功能。

（3）选择并屏蔽该故障设备。

（4）检查火灾报警控制器上的屏蔽状态指示灯是否点亮、火灾报警控制器显示器是否显示屏蔽设备信息。

5. 模拟隔离功能

（1）将系统总线回路中一只总线短路隔离器的后端（输出端）用导线进行短接。

（2）观察短路隔离器是否动作。

（3）在火灾报警控制器上检查故障信息：与该模块接入同一总线回路且处于该模块后端（输出端之后）的连接设备，应显示故障。

6. 填写记录

根据检查结果，认真填写《消防控制室值班记录表》；如有故障，应及时修复并规范填写《建筑消防设施故障维修记录表》。

要点 002 使用火灾报警控制器设置联动控制系统工作状态和设置、修改用户密码

职业功能	工作内容	技能要求	相关知识要求	分项考点	分数	总分
设施操作	2.1 火灾自动报警系统操作	2.1.2★能使用火灾报警控制器设置联动控制系统的工作状态，设置和修改用户密码	2.1.2火灾报警控制器手动/自动模式的调整方法、用户密码设置和修改的操作方法	1. 手动/自动功能转换	0.1	0.3
				2. 用户权限与密码修改	0.1	
				3. 填写记录	0.1	

一、操作准备

1. 技术资料

火灾自动报警系统图，火灾探测器等系统部件现场布置图和地址编码表，火灾报警控制器、消防联动控制器的使用说明书和设计手册等技术资料。

2. 实操设备

集中型火灾自动报警模拟演示系统，旋具、万用表等电工工具，秒表、声级计等检测工具。

3. 记录表格

《消防控制室值班记录表》《建筑消防设施故障维修记录表》。

二、操作步骤

1. 手动/自动功能转换

方法一

（1）当区域火灾报警控制器处于正常监控状态时，通过系统菜单中的"操作"选项，进入"操作"页面；在"操作"页面选择"手动/自动切换"选项，进入手动/自动切换界面。

（2）进入手动/自动切换界面后，在手动/自动切换界面查看当前状态为"手动"状态；通过切换选项按键"F4"切换；将区域火灾报警控制器从当前的"手动"控制状态切换为"自动"控制状态（也可从"自动"控制状态切换为"手动"控制状态）。

方法二

（1）当区域火灾报警控制器处于正常监视状态时，直接按下键盘区的"手动/自动"切换按键，输入系统操作密码并确认，进入控制状态切换界面。

（2）进入手动/自动切换界面后，在手动/自动切换界面查看当前状态，可通过切换选项按键"F4"切换手动/自动工作状态，操作方法如方法一。

方法三

（1）检查火灾报警控制器在手动操作面板中是否设有独立的手动/自动状态转换钥匙。

（2）将手动/自动状态转换钥匙插入锁孔，通过转动钥匙设置系统手动/自动工作状态。

2. 用户权限与密码修改

（1）通过系统菜单，进入修改密码功能。

（2）系统操作密码设置。

（3）系统密码设置。

（4）在已知旧密码的情况下，可进行修改密码操作。

3. 填写记录

根据检查结果，认真填写《消防控制室值班记录表》；如有故障，应及时修复故障并规范填写《建筑消防设施故障维修记录表》。

要点 003 按照防火分区、报警回路模拟测试系统报警和联动控制功能

职业功能	工作内容	技能要求	相关知识要求	分项考点	分数	总分
2 设施操作	2.1 火灾自动报警系统操作	2.1.3 能按照防火分区、报警回路模拟测试火灾自动报警系统的报警和联动控制功能	2.1.3 火灾探测报警系统按防火分区、报警回路测试报警和联动控制功能的方法	1. 报警功能测试	0.1	0.5
				2. 火灾报警控制器自动工作状态确认	0.1	
				3. 系统整体消防联动控制功能测试	0.1	
				4. 复位	0.1	
				5. 填写记录	0.1	

一、操作准备

1. 技术资料

火灾自动报警系统图、火灾探测器等系统部件现场布置图和地址编码表、火灾报警控制器（联动型）使用说明书和设计手册等技术资料。

2. 实操设备

集中型火灾自动报警模拟演示系统，旋具、万用表等电工工

7

具，秒表、声级计、火灾探测器功能试验器等检测工具。

3. 记录表格

《消防控制室值班记录表》《建筑消防设施故障维修记录表》。

二、操作步骤

1. 报警功能测试

模拟测试的防火分区或系统回路，宜选择火灾危险性较大的防火分区和敷设线路较长的回路。

在报警回路末端或防火分区内选择一只火灾探测器进行模拟火灾测试。模拟火灾测试应采用专用的检测仪器或模拟火灾的方法。检查火灾报警控制器面板火警信号指示信息的完整性、及时性和准确性情况。

某型号产品可采用模拟报警的方法按防火分区、回路测试火灾报警功能，其具体操作步骤如下：

（1）进入菜单界面，选择"调试"功能。

（2）在"调试"功能内，选择"模拟火警"选项。

（3）进入"模拟火警"选项，选择好需要模拟的防火分区及报警回路设备，按"F2"模拟。

（4）模拟火警操作后，火灾报警控制器主机会命令选中的火灾探测器生成模拟火警信号，该模拟信号与真实火警有着相同的意义。

2. 火灾报警控制器自动工作状态确认

检查火灾报警控制器面板界面上基本按键与指示灯单元的自动工作状态指示灯，及时确认系统是否处于自动控制状态。

在手动/自动转换界面下，通过按"F4"将火灾报警控制器从"手动"状态转换成"自动"状态。

3. 系统整体消防联动控制功能测试

按设计文件要求，依次使报警区域内符合火灾警报、消防应急广播系统、防火卷帘系统、防火门监控系统、防烟排烟系统、消防应急照明和疏散指示系统、电梯和非消防电源等相关系统联动触发条件的火灾探测器、手动火灾报警按钮发出火灾报警信号。检查报警区域内各自动消防系统整体联动功能响应情况。

4. 复位

对火灾报警触发装置、火灾报警控制器、消防联动控制器进行复位操作，动作的受控消防设备恢复至正常状态。

5. 填写记录

根据检查和测试结果，规范填写《消防控制室值班记录表》；如发现系统异常，应及时修复故障并规范填写《建筑消防设施故障维修记录表》。

要点 004 核查联动控制逻辑命令

职业功能	工作内容	技能要求	相关知识要求	分项考点	分数	总分
2 设施操作	2.1 火灾自动报警系统操作	2.1.3能按照防火分区、报警回路模拟测试火灾自动报警系统的报警和联动控制功能	2.1.3火灾探测报警系统按防火分区、报警回路测试报警和联动控制功能的方法	1. 明确受控对象的联动控制逻辑设计	0.1	0.5
				2. 核查联动控制逻辑关系的编写输入情况	0.1	
				3. 测试验证	0.1	
				4. 复位	0.1	
				5. 填写记录	0.1	

一、操作准备

1. 技术资料

火灾自动报警系统图、火灾探测器等系统部件现场布置图和地址编码表、火灾报警控制器使用说明书和设计手册等技术资料。

2. 实操设备

集中型火灾自动报警模拟演示系统，旋具、万用表等电工工具，秒表、声级计、火灾探测器功能试验器等检测工具。

3. 记录表格

《消防控制室值班记录表》《建筑消防设施故障维修记录表》。

二、操作步骤

1. 明确受控对象的联动控制逻辑设计

确定待核查联动控制逻辑命令的受控设备。通过熟悉消防控制室相关资料，明确受控对象的消防联动控制逻辑设计情况。

2. 核查联动控制逻辑关系的编写输入情况

相关系统的联动触发信号非唯一组合形式时，在其联动控制逻辑命令实际测试基础上，还应对消防联动控制器通过手动或程序的编写输入启动的逻辑关系进行核查确认。以某型号控制器产品为例，核查方法如下：

（1）在菜单界面，进入"编程"。

（2）进入"联动关系"。

（3）核查联动控制逻辑命令是否与联动设备一致，以此确认通过手动或程序的编写输入启动的逻辑关系是否正确。

3. 测试验证

对于各类灭火系统，分别生成符合设计文件要求的联动触发信号，消防联动控制器应按设定的控制逻辑向各相关受控设备发出联动控制信号，点亮启动指示灯，并接收相关设备的联动反馈信号。

对于其他相关系统，依次使报警区域内符合火灾警报、消防应急广播系统、防火卷帘系统、防火门监控系统、防烟排烟系统、消防应急照明和疏散指示系统、电梯等相关系统联动触发条件的火灾探测器、手动火灾报警按钮发出火灾报警信号。

4. 复位

对火灾报警触发装置、火灾报警控制器、消防联动控制器等进行复位操作，动作的受控消防设备恢复至正常状态。

5. 填写记录

根据检查和测试结果，规范填写《消防控制室值班记录表》；如发现异常情况，应及时修复故障并规范填写《建筑消防设施故障维修记录表》。

要点 005 核查火灾探测器等组件的编码及位置提示信息

职业功能	工作内容	技能要求	相关知识要求	分项考点	分数	总分
2 设施操作	2.1 火灾自动报警系统操作	2.1.4 能使用火灾报警控制器、消防联动控制器核查火灾探测器等系统组件的编码和位置提示信息，核查联动控制逻辑命令	2.1.4 火灾自动报警系统各组件的编码、位置提示信息和联动控制逻辑命令的核查方法	1. 检查组件编码及位置信息的完整性	0.1	0.5
				2. 核查现场组件设置的符合性	0.1	
				3. 测试验证现场组件地址和位置信息的正确性	0.1	
				4. 复位	0.1	
				5. 填写记录	0.1	

一、操作准备

1. 技术资料

火灾自动报警系统图、火灾探测器等系统部件现场布置图和地址编码表、火灾报警控制器使用说明书和设计手册等技术资料。

2. 实操设备

集中型火灾自动报警模拟演示系统，旋具、万用表等电工工具，秒表、声级计、火灾探测器功能试验器等检测工具。

12

3. 记录表格

《消防控制室值班记录表》《建筑消防设施故障维修记录表》。

二、操作步骤

1. 检查组件编码及位置信息的完整性

（1）核查现场组件类别和地址总数

对于设置检查功能的火灾报警控制器，通过手动操作检查功能钥匙（或按钮），使控制器处于检查功能状态，这时检查功能状态指示灯（器）应点亮。操作手动查询按钮（键），核查火灾报警控制器配接现场组件的地址总数、不同类别现场组件的地址数，以及每回路配接现场组件的地址数、不同类别现场组件的地址数。

（2）检查现场组件地址和位置信息是否完整

通过火灾报警控制器的查询功能，检查现场组件的地址及位置注释信息的完整性；查看液晶显示器的相关信息显示情况，判断控制器配接的火灾探测器等现场组件的类别、地址总数和位置信息有无遗漏。

2. 核查现场组件设置的符合性

对照设计文件，核查现场组件设置的符合性，组件选型和设置部位应符合设计文件要求。

3. 测试验证现场组件地址和位置信息的正确性

对待核查的火灾探测器等组件，按照厅室或设置部位，采用适合的模拟方法使之依次发出火灾报警信号（或故障报警信号），并准确记录测试顺序。通过火灾报警控制器的报警信息查询操作，对应报警事件时间顺序，判断报警信息的地址及位置信息是否正确。

4. 复位

手动复位火灾报警控制器，撤除火灾探测器等组件的报警信号。

13

5. 填写记录

根据检查和测试结果，规范填写《消防控制室值班记录表》；如发现异常情况，应及时修复故障并规范填写《建筑消防设施故障维修记录表》。

要点 006 模拟测试吸气式感烟火灾探测器的火警、故障报警功能

职业功能	工作内容	技能要求	相关知识要求	分项考点	分数	总分
2 设施操作	2.1 火灾自动报警系统操作	2.1.5能模拟测试吸气式火灾探测器、火焰探测器和图像型火灾探测器等的火警、故障报警功能	2.1.5吸气式火灾探测器、火焰探测器和图像型火灾探测器等的火警、故障报警功能的测试方法	1. 模拟测试吸气式感烟火灾探测器故障	0.1	0.3
				2. 模拟测试吸气式感烟火灾探测器火警	0.1	
				3. 填写记录	0.1	

一、操作准备

1. 技术资料

吸气式感烟火灾探测器系统图、现场布置图和地址编码表，吸气式感烟火灾探测器的使用说明书和设计手册等技术资料。

2. 实操设备

探测报警型管路采样式吸气感烟火灾探测器演示模型，旋具、万用表等电工工具，秒表、声级计、火灾探测器功能试验仪器等检测设备。

3. 记录表格

《消防控制室值班记录表》《建筑消防设施故障维修记录表》。

二、操作步骤

1. 模拟测试吸气式感烟火灾探测器故障

（1）堵住一半数量或一半数量以上采样孔，检查探测器故障报警情况。

（2）若吸气式感烟火灾探测器带备用电源，则断开主电，检查探测器故障报警情况；或者主电正常，断开吸气式感烟火灾探测器的备用电源，检查探测器故障报警情况，探测器故障指示灯应点亮。

（3）将测量室与信号处理单元之间的连接线拔掉，检查探测器故障报警情况。探测器应点亮故障灯，探测报警型探测器应同时发出故障报警声。

2. 模拟测试吸气式感烟火灾探测器火警

（1）点一根棉绳或棒香，同时启动计时器，在任一采样孔处持续加烟 30s 或以上，探测器应在 120s 内点亮火灾报警指示灯，探测报警型探测器的火警声应同时启动。

（2）若吸气式感烟火灾探测器带备用电源，则断开主电，检查探测器故障报警情况；或者主电正常，断开吸气式感烟火灾探测器的备用电源，检查探测器故障报警情况，探测器故障指示灯应点亮。

（3）将测量室与信号处理单元之间的连接线拔掉，检查探测器故障报警情况。探测器应点亮故障灯，探测报警型探测器应同时发出故障报警声。

3. 填写记录

根据测试结果，规范填写《消防控制室值班记录表》；如有故障，及时修复故障并规范填写《建筑消防设施故障维修记录表》。

要点 007 模拟测试火焰探测器的火警、故障报警功能

职业功能	工作内容	技能要求	相关知识要求	分项考点	分数	总分
2 设施操作	2.1 火灾自动报警系统操作	2.1.5 能模拟测试吸气式火灾探测器、火焰探测器和图像型火灾探测器等的火警、故障报警功能	2.1.5 吸气式火灾探测器、火焰探测器和图像型火灾探测器等的火警、故障报警功能的测试方法	1. 模拟测试火焰探测器故障	0.1	0.3
				2. 模拟测试火焰探测器火警	0.1	
				3. 填写记录	0.1	

一、操作准备

1. 技术资料

火焰探测器系统图、现场布置图和地址编码表，火焰探测器的使用说明书和设计手册等技术资料。

2. 实操设备

含有火焰探测器的集中型火灾自动报警演示系统，旋具、万用表等电工工具，秒表、声级计、火灾探测器功能试验仪器等检测设备。

3. 记录表格

《消防控制室值班记录表》《建筑消防设施故障维修记录表》。

二、操作步骤

1. 模拟测试火焰探测器故障

根据火焰探测器说明书，模拟其故障条件，观察火焰探测器工作情况。断开火焰探测器电源，电源红色指示灯熄灭，此时探测器不能正常工作，故障继电器输出故障信号，探测器处于故障状态，观察其连接控制器工作情况。

2. 模拟测试火焰探测器火警

在距离火焰探测器 2m 左右处，点燃酒精灯、火焰模拟器或打火机，轻微晃动产生动态火苗并启动计时器，观察火焰探测器报火警情况。

3. 填写记录

根据测试结果，规范填写《消防控制室值班记录表》；如有故障，及时修复故障并规范填写《建筑消防设施故障维修记录表》。

要点 008　模拟测试图像型火灾探测器的火警、故障报警功能

职业功能	工作内容	技能要求	相关知识要求	分项考点	分数	总分
2 设施操作	2.1 火灾自动报警系统操作	2.1.5能模拟测试吸气式火灾探测器、火焰探测器和图像型火灾探测器等的火警、故障报警功能	2.1.5吸气式火灾探测器、火焰探测器和图像型火灾探测器等的火警、故障报警功能的测试方法	1. 模拟测试图像型火灾探测器故障	0.1	0.3
				2. 模拟测试图像型火灾探测器火警	0.1	
				3. 填写记录	0.1	

一、操作准备

1. 技术资料

图像型火灾探测器系统图、现场布置图和地址编码表，图像型火灾探测器的使用说明书和设计手册等技术资料。

2. 实操设备

含有图像型火灾探测器的集中型火灾自动报警演示系统，旋具、万用表等电工工具，秒表、声级计、火灾探测器功能试验仪器等检测设备。

3. 记录表格

《消防控制室值班记录表》《建筑消防设施故障维修记录表》。

二、操作步骤

1. 模拟测试图像型火灾探测器故障

将图像型火灾探测器光路全部遮挡，图像型火灾探测器应进行故障报警。火灾报警控制器应发出声、光故障信号，指示故障部位，记录故障时间。

2. 模拟测试图像型火灾探测器火警

在距离图像型火灾探测器 5~10m 处，点燃酒精灯、火焰模拟器或打火机，轻微晃动产生动态火苗并启动计时器，观察图像型火灾探测器报警情况。火灾报警控制器应发出声、光火灾报警信号，指示报警部位，记录报警时间。

3. 填写记录

根据测试结果，规范填写《消防控制室值班记录表》；如有故障，及时修复故障并规范填写《建筑消防设施故障维修记录表》。

要点 009　火灾探测器编码操作

职业功能	工作内容	技能要求	相关知识要求	分项考点	分数	总分
2 设施操作	2.1 火灾自动报警系统操作	2.1.6能进行火灾探测器编码操作，调整点（线）型感烟火灾探测器、点型感温火灾探测器、手动火灾报警按钮、模块的设置位置等	2.1.6火灾探测器的编码方法	1. 连接火灾探测器	0.1	0.4
				2. 使用电子编码器进行编码	0.1	
				3. 编码验证	0.1	
				4. 填写记录	0.1	

一、操作准备

1. 技术资料

火灾自动报警系统图、火灾探测器地址编码表、编码器的使用说明书等技术资料。

2. 实操设备

电子编码器，集中型火灾自动报警演示系统，旋具、万用表等电工工具，秒表、声级计、火灾探测器功能试验仪器等检测设备。

3. 记录表格

《火灾探测器编码记录表》《建筑消防设施故障维修记录表》。

二、操作步骤

1. 连接火灾探测器

取一只需要编码的火灾探测器，按电子编码器的使用说明书进行连接。

2. 使用电子编码器进行编码

（1）电子编码器开机准备。打开电子编码器电源，进入电子编码器的编地址功能，选择"二总线设备"选项，进入火灾探测器的"写地址"模式。

（2）输入地址编码。按地址编码表输入该火灾探测器需要设置的地址码001，按"确认"键。

（3）写地址编码。电子编码器对火灾探测器写地址。

（4）编码完成。在写地址成功后，电子编码器会自动升序进行下一个设备的编码。

3. 编码验证

火灾探测器编码结束后，可以对已编码火灾探测器进行读地址验证，确保编址的准确。使用火灾探测器功能试验仪器测试已编码探测器的报警功能，观察火灾报警控制器接收到报警信息，核实探测器的地址编码是否已被火灾报警控制器识别。

4. 填写记录

根据实际情况认真填写《火灾探测器编码记录表》；如有故障，及时修复故障并规范填写《建筑消防设施故障维修记录表》。

要点 010 调整火灾探测器、手动火灾报警按钮及模块的位置信息

职业功能	工作内容	技能要求	相关知识要求	分项考点	分数	总分
2 设施操作	2.1 火灾自动报警系统操作	2.1.6能进行火灾探测器编码操作，调整点（线）型感烟火灾探测器、点型感温火灾探测器、手动火灾报警按钮、模块的设置位置等	2.1.6调整点（线）型感烟火灾探测器、点型感温火灾探测器、手动火灾报警按钮、模块的设置位置等	1. 确定调整位置信息的设备	0.1	0.6
				2. 通过控制器查询总线设备的位置信息	0.1	
				3. 更改总线设备位置信息	0.1	
				4. 批量修改总线设备位置信息	0.1	
				5. 查询确认位置信息	0.1	
				6. 填写记录	0.1	

一、操作准备

1. 技术资料

火灾自动报警系统图、火灾探测器等系统部件现场布置图和地址编码表、火灾报警控制器的使用说明书和设计手册等技术资料。

2. 实操设备

电子编码器，集中型火灾自动报警演示系统，旋具、万用表等

电工工具，秒表、声级计、火灾探测器功能试验仪器等检测设备。

3. 记录表格

《消防控制室值班记录表》《建筑消防设施故障维修记录表》

二、操作步骤

1. 确定调整位置信息的设备

首先需要确定调整位置信息的总线设备，如某库房改造为实验室和会议室，涉及 4 只点型感烟火灾探测器、2 只手动火灾报警按钮的位置信息发生变化，查阅火灾自动报警系统图、建筑物消防设施的平面布置图和地址编码表等技术资料。

2. 通过控制器查询总线设备的位置信息

操作控制器的功能菜单，查找总线设备的位置信息。

3. 更改总线设备位置信息

查找到 2 回路 5 号探测器的原位置信息为"1 号库房东南侧"，通过火灾报警控制器自带的键盘输入法或其生产厂家提供的专用输入工具进行信息录入，将位置信息修改为"实验室南侧"，保存修改。

4. 批量修改总线设备位置信息

（1）按总线设备位置信息变化对照表和控制器使用说明规定的格式编辑设备的位置信息，并保存为 Excel 文档。

（2）批量上传总线设备位置信息

将计算机与火灾报警控制器主板通信口连接并确认通信正常，打开计算机下载工具软件，选择计算机文档中已经保存的设备的位置信息文件，并点击上传，等待信息上传完毕。

5. 查询确认位置信息

操作控制器，查询并确认总线设备位置信息修改完毕。使用火灾探测器功能试验仪器测试已编码探测器的报警功能，观察火灾报警控制器接收到报警信息，核实探测器的地址编码是否已被火灾报警控制器识别。

6. 填写记录

根据检查结果，规范填写《消防控制室值班记录表》；如发现异常情况，应及时修复故障并规范规范填写《建筑消防设施故障维修记录表》。

要点 011　手动启/停柴油机消防泵组

职业功能	工作内容	技能要求	相关知识要求	分项考点	分数	总分
2 设施操作	2.2 自动灭火系统操作	2.2.1能手动启/停柴油机消防泵组	2.2.1手动启/停柴油机消防泵组的方法	1. 检查组件	0.1	0.6
				2. 接通电源，观察仪表	0.1	
				3. 柴油机消防泵控制柜的启动/停止	0.1	
				4. 柴油机仪表箱的启动/停止	0.1	
				5. 柴油机的紧急启动/停止	0.1	
				6. 填写记录	0.1	

一、操作准备

1. 技术资料

设备现场布置图、产品使用说明书和设计安装手册等技术资料。

2. 实操设备

采用柴油机消防泵组供水的演示模型，旋具、万用表等电工工具、活扳手、管子钳等工具，压力表、流量计等检测工具，个人防护用品等。

3. 记录表格

《建筑消防设施故障维修记录表》《建筑消防设施维护保养记录表》。

二、操作步骤

1. 检查组件

柴油机消防泵组各部分组成齐全完整,各部件连接完好。

2. 接通电源,观察仪表

观察柴油机消防泵组控制柜、各监视仪表显示是否正常。

3. 柴油机消防泵控制柜的启动/停止

(1) 启动

① 将柴油机消防泵控制柜上"手动/停止/自动"选择开关旋到"手动"位置。

② 按下"1♯电池"或"2♯电池"启动按钮,即可启动柴油机消防泵。

③ 将柴油机消防泵控制柜选择开关旋到"自动"位置。

④ 控制柜接收到"远程"启动信号或检测到管网低压力时,自动启动柴油机消防泵。

(2) 停止

① 将柴油机消防泵控制柜上"手动/停止/自动"选择开关旋到"停止"位置,即可停止柴油机消防泵的运行。

② 按下柴油机消防泵控制柜上"停止"按钮,即可停止柴油机消防泵的运行。

上述两个操作均能停止柴油机消防泵的运行。

4. 柴油机仪表箱的启动/停止

当柴油机消防泵控制柜发生故障不能启动消防泵时,可以通过柴油机仪表箱来启动和停止消防泵。

(1) 启动

① 将柴油机仪表箱"自动/手动/停止"按钮旋到"手动"

位置。

②按下"1♯电池"或"2♯电池"启动按钮，即可启动柴油机消防泵。

（2）停止

将"自动/手动/停止"按钮旋到"停止"位置，直到发动机完全停止后松开。

5. 柴油机的紧急启动/停止

当柴油机消防泵控制柜、柴油机仪表箱发生故障，均不能启动消防泵时，可通过柴油机上的紧急启动器来启动消防泵。

（1）启动

用力迅速向上拉1♯电池紧急启动器或2♯电池紧急启动器，直到发动机启动，上拉时间最长不超过15s。

（2）停止

如果柴油机仪表箱不能停止发动机，可通过操作柴油机燃油泵的停机拉杆来停止。

6. 填写记录

根据实际情况认真填写《建筑消防设施维护保养记录表》；如发现异常情况，及时修复故障并规范填写《建筑消防设施故障维修记录表》。

要点 012　机械应急方式启/停电动消防泵组

职业功能	工作内容	技能要求	相关知识要求	分项考点	分数	总分
2 设施操作	2.2 自动灭火系统操作	2.2.2能通过机械方式启/停电动消防泵组	2.2.2机械方式启/停电动消防泵组的方法	1. 外观检查	0.1	0.5
				2. 接通主电源	0.1	
				3. 应急启动操作	0.1	
				4. 应急停止操作	0.1	
				5. 填写记录	0.1	

一、操作准备

1. 技术资料

设备现场布置图、产品使用说明书和设计安装手册等技术资料。

2. 实操设备

具有机械应急启动功能的电动消防泵组及配套供水管网、旋具、专用扳手、万用表、安全帽、绝缘手套等。

3. 记录表格

《建筑消防设施故障维修记录表》《建筑消防设施维护保养记录表》。

二、操作步骤

1. 外观检查

检查消防水泵安装的完整性和牢固性，运行正常。

2. 接通主电源

观察消防水泵控制柜各种仪表显示正常。

3. 应急启动操作

分别迅速拉起消防水泵控制柜上的 1 号、2 号机械应急启动手柄，到底后逆时针旋转手柄，到底后松开手柄，启动消防水泵。

4. 应急停止操作

拉动操纵手柄，并顺时针旋转手柄，到底后松开手柄，手柄自动复位，停止消防水泵。

5. 填写记录

根据实际情况规范填写《建筑消防设施故障维修记录表》《建筑消防设施维护保养记录表》。

要点 013　切换气体灭火控制器工作状态

职业功能	工作内容	技能要求	相关知识要求	分项考点	分数	总分
2 设施操作	2.2 自动灭火系统操作	2.2.3能切换气体灭火控制器工作状态,手动启/停气体灭火系统	2.2.3气体灭火控制器的操作方法	1. 确认灭火控制器状态	0.1	0.4
				2. 操作气体灭火控制器手动/自动转换开关	0.1	
				3. 操作防护区出入口的手动/自动转换开关	0.1	
				4. 填写记录	0.1	

一、操作准备

1. 技术资料

气体灭火系统图、气体灭火控制器产品使用说明书和设计手册等技术资料。

2. 常备工具

旋具、钳子、万用表、绝缘胶带等。

3. 防护装备

安全防护装备,如防砸鞋、安全帽、绝缘手套等。

4. 实操设备

组合分配型气体灭火演示系统。

5. 记录表格

《建筑消防设施维护保养记录表》。

二、操作步骤

1. 确认灭火控制器状态

确认灭火控制器显示正常，无故障或报警。

2. 操作气体灭火控制器手动/自动转换开关

操作气体灭火控制器操作面板上的手动/自动转换开关，选择"手动"或"自动"状态，相应状态指示灯点亮。

（1）使用专用钥匙，将手动/自动开关调至"自动"，自动状态指示灯点亮，控制系统处于自动工作状态。

（2）使用专用钥匙，将手动/自动开关调至"手动"，手动状态指示灯点亮，控制系统处于手动工作状态。

3. 操作防护区出入口的手动/自动转换开关

操作防护区出入口的手动/自动转换开关，选择"手动"或"自动"状态，相应状态指示灯点亮。

4. 填写记录

根据实际作业的情况，填写《建筑消防设施维护保养记录表》。

要点 014　控制器手动启动气体灭火系统

职业功能	工作内容	技能要求	相关知识要求	分项考点	分数	总分
2 设施操作	2.2 自动灭火系统操作	2.2.3 能切换气体灭火控制器工作状态，手动启/停气体灭火系统	2.2.3 气体灭火控制器的操作方法	1. 拆卸驱动装置	0.1	0.6
				2. 按下启动按钮	0.1	
				3. 观察动作信号	0.1	
				4. 观察声光信号	0.1	
				5. 观察联动信号	0.1	
				6. 填写记录	0.1	

一、操作准备

1. 技术资料

气体灭火系统图、气体灭火控制器产品使用说明书和设计手册等技术资料。

2. 常备工具

旋具、钳子、测试设备或万用表、绝缘胶带等。

3. 防护装备

安全防护装备，如防砸鞋、安全帽、绝缘手套等。

4. 实操设备

组合分配型气体灭火演示系统。

5. 记录表格

《建筑消防设施维护保养记录表》。

二、操作步骤

1. 拆卸驱动装置

为了防止气体误喷放，启动操作前，应将电磁阀和驱动瓶组的连接拆开；或拆开启动装置与灭火控制器启动输出端的连接导线，连接与启动装置功率相同的测试设备或万用表。

2. 按下启动按钮

按下气体灭火控制器的手动"启动"按钮。

3. 观察动作信号

观察驱动器、测试设备是否动作，或万用表是否接到启动信号。

4. 观察声光信号

观察对应防护区的声、光报警是否正常。

5. 观察联动信号

观察风机、电动防火阀、电动门窗等联动设备的响应是否正常。

6. 填写记录

根据实际作业的情况，填写《建筑消防设施维护保养记录表》。

要点 015 防护区外手动按钮启/停气体灭火系统

职业功能	工作内容	技能要求	相关知识要求	分项考点	分数	总分
2 设施操作	2.2 自动灭火系统操作	2.2.3 能切换气体灭火控制器工作状态，手动启/停气体灭火系统	2.2.3 手动启/停气体灭火系统	1. 手动启动气体灭火系统	0.1	0.3
				2. 手动停止气体灭火系统	0.1	
				3. 填写记录	0.1	

一、操作准备

1. 技术资料

气体灭火系统图、气体灭火控制器产品使用说明书和设计手册等技术资料。

2. 常备工具

旋具、钳子、测试设备或万用表、绝缘胶带等。

3. 防护装备

安全防护装备，如防砸鞋、安全帽、绝缘手套等。

4. 实操设备

组合分配型气体灭火演示系统。

5. 记录表格

《建筑消防设施维护保养记录表》。

二、操作步骤

1. 手动启动气体灭火系统

（1）为防止气体误喷放，启动操作前，应将电磁阀和驱动瓶组的连接拆开；或拆开启动装置与灭火控制器启动输出端的连接导线，连接与启动装置功率相同的测试设备或万用表。

（2）按下设置在防护区疏散出口门外的"紧急启动"按钮。

① 观察启动装置、测试设备是否动作，或万用表是否接到启动信号。

② 观察对应防护区的声、光报警是否正常。

③ 观察风机、电动防火阀、电动门窗等联动设备的响应是否正常。

注意：应在自动控制和手动控制状态下，分别进行启动操作。

2. 手动停止气体灭火系统

（1）为防止气体误喷放，启动操作前，应将电磁阀和驱动瓶组的连接拆开；或拆开启动装置与灭火控制器启动输出端的连接导线，连接与启动装置功率相同的测试设备或万用表。

（2）将控制系统的工作状态设置为"自动"工作状态。

（3）模拟防护区的两个独立火灾信号。

① 观察灭火控制器是否进入延时启动状态。

② 观察对应防护区的声、光报警是否正常。

③ 观察风机、电动防火阀、电动门窗等联动设备的响应是否正常。

（4）灭火控制器延时启动时间结束前，按下防护区外的"紧急停止"按钮。

① 观察驱动器、测试设备是否动作，或万用表是否接到启动信号。

② 观察对应防护区的声、光报警是否取消。

③ 观察风机、电动防火阀、电动门窗等联动设备的响应是否停止。

3. 填写记录

根据实际作业的情况，填写《建筑消防设施维护保养记录表》。

要点 016 机械应急启动气体灭火系统

职业功能	工作内容	技能要求	相关知识要求	分项考点	分数	总分
2 设施操作	2.2 自动灭火系统操作	2.2.3能切换气体灭火控制器工作状态，手动启/停气体灭火系统	2.2.3手动启/停气体灭火系统	1. 手动操作相关设备	0.1	0.5
				2. 确认启动气瓶组	0.1	
				3. 拔出安全插销，启动容器阀	0.1	
				4. 启动气瓶的机械应急操作失败时进行的操作	0.1	
				5. 填写记录	0.1	

一、操作准备

1. 技术资料

气体灭火系统图、气体灭火控制器产品使用说明书和设计手册等技术资料。

2. 常备工具

旋具、钳子、万用表、绝缘胶带等。

3. 防护装备

安全防护装备，如防砸鞋、安全帽、绝缘手套等。

4. 实操设备

组合分配型气体灭火演示系统。

5. 记录表格

《建筑消防设施维护保养记录表》。

二、操作步骤

1. 手动操作相关设备

（1）关闭防护区域的送（排）风机及送（排）风阀门，关闭防火阀。

（2）封闭防护区域开口，包括关闭防护区域的门、窗。

（3）切断非消防电源。

2. 确认启动气瓶组

到储瓶间内确认喷放区域对应的启动气瓶组。

3. 拔出安全插销，启动容器阀

拔出与着火区域对应驱动气瓶上电磁阀的安全插销或安全卡套，压下手柄或圆头把手，启动容器阀，释放启动气体。

4. 启动气瓶的机械应急操作失败时进行的操作

（1）对于单元独立系统，操作该系统所有灭火剂储存装置上的机械应急操作装置，开启灭火剂容器阀，释放灭火剂，即可实施灭火。

（2）对于组合分配系统，首先开启对应着火区域的选择阀，再手动打开对应着火区域所有灭火剂储瓶的容器阀，即可实施灭火。

5. 填写记录

根据实际作业的情况，填写《建筑消防设施维护保养记录表》。

要点 017 预作用及雨淋自动喷水灭火系统水力警铃报警试验操作

职业功能	工作内容	技能要求	相关知识要求	分项考点	分数	总分
2 设施操作	2.2 自动灭火系统操作	2.2.4 能切换预作用、雨淋自动喷水灭火系统电气控制柜工作状态，手动启/停阀组、泵组	2.2.4 预作用、雨淋自动喷水灭火系统的工作原理和操作方法	1. 关闭警铃	0.1	0.5
				2. 打开试警铃球阀	0.1	
				3. 关闭试警铃球阀	0.1	
				4. 打开警铃球阀	0.1	
				5. 填写记录	0.1	

一、操作准备

1. 技术资料

预作用及雨淋自动喷水灭火系统图、预作用及雨淋自动喷水灭火系统产品使用说明书和设计手册等技术资料。

2. 常备工具

专用扳手等。

3. 防护装备

防滑鞋、安全帽等。

4. 实操设备

预作用及雨淋自动喷水灭火演示系统。

5. 记录表格

《消防控制室值班记录表》。

二、操作步骤

1. 关闭警铃

关闭警铃球阀，防止水流入系统侧。

2. 打开试警铃球阀

使水力警铃动作报警。

3. 关闭试警铃球阀

停止报警。

4. 打开警铃球阀

系统恢复伺应状态。

5. 填写记录

根据实际作业的情况，规范填写《建筑消防设施维护保养记录表》。

三、注意事项

进行水力警铃报警试验时，应将消防水泵控制柜设置在"手动"状态。

要点 018　预作用自动喷水灭火系统复位操作

职业功能	工作内容	技能要求	相关知识要求	分项考点	分数	总分
2 设施操作	2.2 自动灭火系统操作	2.2.4 能切换预作用、雨淋自动喷水灭火系统电气控制柜工作状态，手动启/停阀组、泵组	2.2.4 预作用、雨淋自动喷水灭火系统的工作原理和操作方法	1. 关闭系统的供水控制阀	0.1	1.1
				2. 打开雨淋报警阀上的隔膜腔控制阀	0.1	
				3. 打开排水阀	0.1	
				4. 推动自动滴水阀推杆	0.1	
				5. 打开复位球阀	0.1	
				6. 按下复位按钮	0.1	
				7. 打开供水阀	0.1	
				8. 关闭复位球阀及排水阀	0.1	
				9. 注入密封水	0.1	
				10. 充有压介质	0.1	
				11. 填写记录	0.1	

一、操作准备

1. 技术资料

预作用自动喷水灭火系统图、系统组件现场布置图，预作用自动喷水灭火系统产品使用说明书和设计手册等技术资料。

2. 常备工具

旋具、专用扳手等。

3. 防护装备

防滑鞋、安全帽等。

4. 实操设备

预作用自动喷水灭火演示系统。

5. 记录表格

《消防控制室值班记录表》。

二、操作步骤

1. 关闭系统的供水控制阀

使阀后控制阀处于开启状态。

2. 打开雨淋报警阀上的隔膜腔控制阀

3. 打开排水阀

打开雨淋报警阀上的排水阀及警铃球阀，将系统里的剩余水全部排掉。

4. 推动自动滴水阀推杆

推杆能伸缩且流水已很微小时即可认定水已排尽。

5. 打开复位球阀

使雨淋报警阀的紧急手动快开阀和试警铃球阀保持在关闭状态。

6. 按下复位按钮

按下控制柜的"复位"按钮释放电磁阀，使其闭合。

7. 打开供水阀

缓慢打开阀前供水控制阀，待供水压力表和隔膜腔压力表的指示值相同时再将其完全打开。

8. 关闭复位球阀及排水阀

9. 注入密封水

灌注底水，从底水球阀处缓慢注入清水，直至溢出，再关闭底水球阀。

10. 充有压介质

接通气源供气，先打开供气控制阀，后缓慢打开加气球阀注入压缩空气，待整个系统的气压值上升到 0.04MPa 时关闭加气球阀，然后通过调压器管路补气，直到系统自动停止补气，复位完成。

11. 填写记录

根据实际作业的情况，填写《建筑消防设施维护保养记录表》。

要点 019 雨淋自动喷水灭火系统复位操作

职业功能	工作内容	技能要求	相关知识要求	分项考点	分数	总分
2 设施操作	2.2 自动灭火系统操作	2.2.4 能切换预作用、雨淋自动喷水灭火系统电气控制柜工作状态,手动启/停阀组、泵组	2.2.4 预作用、雨淋自动喷水灭火系统的工作原理和操作方法	1. 关闭系统的供水控制阀	0.1	0.6
				2. 打开雨淋报警阀上的隔膜腔控制阀	0.1	
				3. 打开排水阀		
				4. 推动自动滴水阀推杆	0.1	
				5. 打开复位球阀		
				6. 按下复位按钮	0.1	
				7. 打开供水阀门		
				8. 关闭复位球阀及排水阀	0.1	
				9. 填写记录	0.1	

一、操作准备

1. 技术资料

雨淋自动喷水灭火系统图、系统组件现场布置图,雨淋自动喷水灭火系统产品使用说明书和设计手册等技术资料。

45

2. 常备工具

旋具、专用扳手等。

3. 防护装备

防滑鞋、安全帽等。

4. 实操设备

雨淋自动喷水灭火演示系统。

5. 记录表格

《消防控制室值班记录表》。

二、操作步骤

1. 关闭系统的供水控制阀

使阀后控制阀处于开启状态。

2. 打开雨淋报警阀上的隔膜腔控制阀

3. 打开排水阀

打开雨淋报警阀上的排水阀及警铃球阀，将系统里的剩余水全部排掉。

4. 推动自动滴水阀推杆

推杆能伸缩且流水已很微小时即可认定水已排尽。

5. 打开复位球阀

使雨淋报警阀的紧急手动快开阀和试警铃球阀保持在关闭状态。

6. 按下复位按钮

按下控制柜的"复位"按钮释放电磁阀，使其闭合。

7. 打开供水阀门

缓慢打开阀前供水控制阀，待供水压力表和隔膜腔压力表的指示值相同时再将其完全打开。

8. 关闭复位球阀及排水阀

复位完成。

9. 填写记录

根据实际作业的情况，填写《建筑消防设施维护保养记录表》。

要点 020　切换泡沫灭火控制器工作状态

职业功能	工作内容	技能要求	相关知识要求	分项考点	分数	总分
2 设施操作	2.2 自动灭火系统操作	2.2.5 能切换泡沫灭火控制器工作状态，手动启/停泡沫灭火系统	2.2.5 泡沫灭火系统的分类、工作原理和组件操作方法	1. 查看控制器工作状态	0.1	0.2
				2. 手/自动转换		
				3. 填写记录	0.1	

一、操作准备

1. 技术资料

泡沫灭火系统图、系统组件现场布置图，泡沫灭火系统产品使用说明书和设计手册等技术资料。

2. 常备工具

万用表、试电笔、钳子、旋具、绝缘胶带等。

3. 防护装备

安全帽、绝缘手套、绝缘鞋等。

4. 实操设备

变电站泡沫喷雾灭火演示系统。

5. 记录表格

《消防控制室值班记录表》《建筑消防设施巡查记录表》。

二、操作步骤

1. 查看控制器工作状态

查看当前灭火控制器是否处于正常工作状态。

2. 手自动转换

根据当前要求,将灭火控制器的控制方式置于"手动"或"自动"状态。

3. 填写记录

根据实际作业的情况,填写《消防控制室值班记录表》《建筑消防设施巡查记录表》

要点 021　手动启/停泡沫灭火系统

职业功能	工作内容	技能要求	相关知识要求	分项考点	分数	总分
2 设施操作	2.2 自动灭火系统操作	2.2.5 能切换泡沫灭火控制器工作状态，手动启/停泡沫灭火系统	2.2.5 泡沫灭火系统组件操作方法	1. 确认当前消防系统控制盘处于正常状态	0.1	0.4
				2. 手/自动转换		
				3. 确认比例混合装置控制柜控制方式	0.1	
				4. 远程启动泡沫消防水泵		
				5. 远程启动泡沫站内的泡沫比例混合装置	0.1	
				6. 打开着火储罐的罐前阀		
				7. 观察消防系统控制盘上各设备反馈信号是否正常	0.1	
				8. 记录表格		

一、操作准备

1. 技术资料

泡沫灭火系统图、系统组件现场布置图，泡沫灭火系统产品使用说明书和设计手册等技术资料。

2. 常备工具

万用表、试电笔、钳子、旋具、绝缘胶带等。

3. 防护装备

安全帽、绝缘手套、绝缘鞋等。

4. 实操设备

储罐区低倍数泡沫灭火演示系统。

5. 记录表格

《消防控制室值班记录表》《建筑消防设施巡查记录表》。

二、操作步骤

1. 确认当前消防系统控制盘处于正常状态

2. 手/自动转换

确认消防泵控制柜处于"自动"状态，若为"手动"状态，应将其置于"自动"状态。

3. 确认比例混合装置控制柜控制方式

确认比例混合装置控制柜控制方式处于"远程"状态，若为"就地"状态，应将其置于"远程"状态。

4. 远程启动泡沫消防水泵

按下消防系统控制盘上泡沫消防水泵"启动请求"按钮。

5. 远程启动泡沫站内的泡沫比例混合装置

按下消防系统控制盘上比例混合装置"启动"按钮。

6. 打开着火储罐的罐前阀

按下消防系统控制盘上的泡沫灭火系统罐前阀"启动"按钮。

7. 观察消防系统控制盘上各设备反馈信号是否正常

8. 记录表格

根据实际作业的情况，填写《消防控制室值班记录表》《建筑消防设施巡查记录表》。

要点 022　就地手动启动平衡式泡沫比例混合装置

职业功能	工作内容	技能要求	相关知识要求	分项考点	分数	总分
2 设施操作	2.2 自动灭火系统操作	2.2.5 能切换泡沫灭火控制器工作状态，手动启/停泡沫灭火系统	2.2.5 组件操作方法	1. 查看当前控制柜控制方式	0.1	0.3
				2. 旋钮置于"就地"状态	0.1	
				3. "一键启动"方式		
				4. "分别启动"方式	0.1	
				5. 记录表格		

一、操作准备

1. 技术资料

泡沫灭火系统图、系统组件现场布置图，泡沫灭火系统产品使用说明书和设计手册等技术资料。

2. 常备工具

万用表、试电笔、钳子、绝缘胶带等。

3. 防护装备

安全帽、绝缘手套、绝缘鞋等。

51

4. 实操设备

平衡式泡沫比例混合装置演示系统。

5. 记录表格

《消防控制室值班记录表》《建筑消防设施巡查记录表》。

二、操作步骤

1. 查看当前控制柜控制方式

2. 旋钮置于"就地"状态

将控制柜上的"就地/远程"旋钮置于"就地"状态。

3. "一键启动"方式

按下控制柜上的"一键启动"按钮，控制柜按照预设的逻辑自动启动装置主系统。如果主系统故障，则主系统自动关闭并启动备用系统。

4. "分别启动"方式

1）按下控制柜上的"主泡沫液泵进液阀"的"开/开到位"按钮，打开泡沫液泵的进液阀门。

2）按下控制柜上的"主比例混合器出口阀"的"开/开到位"按钮，打开主比例混合器出口阀。

3）按下控制柜上的"泡沫液泵电机"的"启动运行"按钮，启动泡沫液泵。

4）按下控制柜上的"主消防水进口阀"的"开/开到位"按钮，打开主消防水进口阀，使消防水进入比例混合装置。

5. 记录表格

根据实际作业的情况，填写《消防控制室值班记录表》《建筑消防设施巡查记录表》。

要点 023 切换自动跟踪定位射流灭火系统控制装置工作状态

职业功能	工作内容	技能要求	相关知识要求	分项考点	分数	总分
2 设施操作	2.2 自动灭火系统操作	2.2.6能切换自动跟踪定位射流灭火系统控制装置工作状态，手动启/停消防泵组	2.2.6自动跟踪定位射流灭火系统的分类、工作原理和组件操作方法	1. 检查系统工作状态	0.1	0.3
				2. 自动状态切换操作		
				3. 消防控制室远程手动控制状态切换操作	0.1	
				4. 现场控制箱手动切换操作		
				5. 填写记录	0.1	

一、操作准备

1. 技术资料

自动跟踪定位射流灭火系统图、系统组件现场布置图和地址编码表，自动跟踪定位射流灭火系统产品使用说明书和设计手册等技术资料。

2. 常备工具

旋具、钳子、万用表、绝缘胶带等。

3. 防护装备

安全防护装备,如防砸鞋、安全帽、绝缘手套等。

4. 实操设备

自动跟踪定位射流灭火演示系统(所有设备)。

5. 记录表格

《消防控制室值班记录表》。

二、操作步骤

1. 检查系统工作状态

检查确认系统控制主机、视频监控系统、现场控制箱、灭火装置、自动控制阀、消防水泵及控制柜等系统组件和设备处于正常工作(待命)状态。

2. 自动状态切换操作

(1)解锁自动状态切换操作

在控制主机上切换手动、自动状态,需先用钥匙进行解锁。左侧为消防水泵"手动/自动"和"禁止/允许"状态操作按钮,右侧为消防炮"手动/自动"状态操作按钮。

(2)切换为自动状态

将消防水泵"手动/自动"状态操作按钮打到"自动"状态、"禁止/允许"状态操作按钮打到"允许"状态,将消防炮"自动"打到"允许"状态,并将消防水泵控制柜打到"自动"状态,此时,系统处于自动控制状态。

3. 消防控制室远程手动控制状态切换操作

(1)切换为消防控制室远程手动控制状态

在控制主机的操作面板(界面)上,将消防水泵"手动/自动"状态操作按钮打到"自动"状态、"禁止/允许"状态操作按钮打到"允许"状态,将消防炮"手动"打到"允许"状态、"自动"打到"禁止"状态,并将消防水泵控制柜打到"自动"状态,此时,系统处于消防控制室远程手动控制状态。

（2）消防控制室远程手动操作消防炮

1）系统登录。

2）调用监控视频选择消防炮。

3）操作消防炮。

4. 现场控制箱手动切换操作

（1）切换为现场手动控制状态

确定要操作的消防炮，找到该消防炮的现场控制箱，插入钥匙，由"禁止"转到"允许"状态，按下"手动"按钮，手动指示灯亮，即进入现场手动控制状态。

（2）现场控制箱手动操作消防炮

长按"上""下""左""右"按钮，分别控制消防炮上、下、左、右运动，松开按钮则消防炮停止运动；按"柱/雾"按钮控制消防炮喷射水柱或水雾。

5. 填写记录

操作结束后，根据实际操作情况填写《消防控制室值班记录表》。

要点 024　手动启/停自动跟踪定位射流灭火系统消防水泵

职业功能	工作内容	技能要求	相关知识要求	分项考点	分数	总分
2 设施操作	2.2 自动灭火系统操作	2.2.6 能切换自动跟踪定位射流灭火系统控制装置工作状态，手动启/停消防泵组	2.2.6 自动跟踪定位射流灭火系统的分类、工作原理和组件操作方法	1. 消防控制室远程手动启动消防水泵	0.1	0.3
				2. 现场控制箱手动启动消防水泵	0.1	
				3. 消防泵房启/停消防水泵	0.1	
				4. 填写记录	0.1	

一、操作准备

1. 技术资料

自动跟踪定位射流灭火系统图、系统组件现场布置图和地址编码表，自动跟踪定位射流灭火系统产品使用说明书和设计手册等技术资料。

2. 常备工具

旋具、钳子、万用表、绝缘胶带等。

3. 防护装备

安全防护装备，如防砸鞋、安全帽、绝缘手套等。

4. 实操设备

自动跟踪定位射流灭火演示系统（控制主机、现场控制箱、消防水泵及控制柜）。

5. 记录表格

《消防控制室值班记录表》。

二、操作步骤

1. 消防控制室远程手动启动消防水泵

在控制主机的操作面板（界面）上，将消防水泵"手动/自动"状态操作按钮打到"自动"状态、"禁止/允许"状态操作按钮打到"允许"状态，并将消防水泵控制柜打到"自动"状态，按下消防水泵"启动"按钮，启动消防水泵。

2. 现场控制箱手动启动消防水泵

在控制主机的操作面板（界面）上，将消防水泵"手动/自动"状态操作按钮打到"自动"状态、"禁止/允许"状态操作按钮打到"允许"状态，并将消防水泵控制柜打到"自动"状态，按下现场控制箱上的"启泵"按钮，启动消防水泵。

3. 消防泵房启/停消防水泵

在消防泵房，将消防水泵控制柜打到"手动"状态，按下"启泵"按钮，启动消防水泵；按下"停泵"按钮，停止消防水泵。

4. 填写记录

操作结束后，根据实际操作情况填写《消防控制室值班记录表》。

要点 025　切换固定消防炮灭火系统控制装置工作状态

职业功能	工作内容	技能要求	相关知识要求	分项考点	分数	总分
2 设施操作	2.2 自动灭火系统操作	2.2.7能切换固定消防炮灭火系统控制装置工作状态，手动启/停消防泵组	2.2.7固定消防炮灭火系统的分类、工作原理和组件操作方法	1. 消防控制室远程手动操作	0.1	0.3
				2. 无线遥控器手动操作	0.1	
				3. 现场控制箱手动操作		
				4. 填写记录	0.1	

一、操作准备

1. 技术资料

固定消防炮灭火系统图、系统组件现场布置图和地址编码表、固定消防炮灭火系统产品使用说明书和设计手册等技术资料。

2. 备品备件

控制主机和现场控制箱的按钮、按键、继电器、电源模块等。

3. 常备工具

旋具、钳子、万用表、绝缘胶带等。

4. 防护装备

安全防护装备，如防砸鞋、安全帽、绝缘手套等。

5. 实操设备

固定消防炮灭火演示系统。

6. 记录表格

《消防控制室值班记录表》。

二、操作步骤

1. 消防控制室远程手动操作

1）使消防控制室的主控柜和现场的各个控制箱都处于上电状态，各设备的电源指示灯及各个分站的通信指示灯常亮。

2）在主控柜上操作远控消防炮，按下相应消防炮的"上""下""左""右"按钮，操作消防炮分别向上、下、左、右运动；按下"直流"或"喷雾"按钮，操作消防炮喷射柱状或雾状水流。

3）调整好消防炮的位置后，按下相应消防炮出口控制阀的"开""关"按钮，操作阀门打开或关闭。开或关时指示灯闪烁，完全打开或完全关闭时指示灯常亮。

2. 无线遥控器手动操作

1）将无线遥控器上方的红色旋钮打到"ON"位置（不使用时打到"OFF"位置）。

2）选择要操作的消防炮，选择炮塔（"1"或"2"），选择水炮或泡沫炮系统（"SP"或"PP"），再选择操作炮或阀（"选炮"或"选阀"）。每次只能选择一座炮塔、一种系统的炮或阀。例如，要操作的是1号炮塔水炮，先按下1号炮塔，再按"SP"键，然后按"选炮"键，最后按"↑/K""↓/G""←/T""→""直流""喷雾"键操作对应的水炮。

3. 现场控制箱手动操作

1）打开现场控制箱钥匙锁。

2）按"上""下""左""右""直流""喷雾"键，操作消防炮上、下、左、右运动，以及柱状、雾状切换。

4. 填写记录

操作结束后，根据实际操作情况填写《消防控制室值班记录表》。

要点 026　手动启/停固定消防炮灭火系统消防泵组

职业功能	工作内容	技能要求	相关知识要求	分项考点	分数	总分
2 设施操作	2.2 自动灭火系统操作	2.2.7能切换固定消防炮灭火系统控制装置工作状态,手动启/停消防泵组	2.2.7固定消防炮灭火系统的分类、工作原理和组件操作方法	1. 消防控制室远程手动启动消防泵组	0.1	0.3
				2. 现场控制箱手动启动消防泵组	0.1	
				3. 消防泵房启/停消防泵组		
				4. 填写记录	0.1	

一、操作准备

1. 技术资料

固定消防炮灭火系统图、系统组件现场布置图和地址编码表,固定消防炮灭火系统产品使用说明书和设计手册等技术资料。

2. 备品备件

控制主机、现场控制箱和消防水泵控制柜的按钮、按键、继电器、电源模块等。

3. 常备工具

旋具、钳子、万用表、绝缘胶带等。

4. 防护装备

安全防护装备，如防砸鞋、安全帽、绝缘手套等。

5. 记录表格

《消防控制室值班记录表》。

二、操作步骤

1. 消防控制室远程手动启动消防泵组

将消防水泵控制柜打到"自动"状态，在消防控制室控制主机上按下消防泵组"启动"按钮，远程启动消防泵组。

2. 现场控制箱手动启动消防泵组

将消防水泵控制柜打到"自动"状态，按下现场控制箱上的"启泵"按钮，启动消防泵组。

3. 消防泵房启/停消防泵组

在消防泵房，将消防水泵控制柜打到"手动"状态，按下"启泵"按钮，启动消防泵组；按下"停泵"按钮，停止消防泵组。

4. 填写记录

操作结束后，根据实际操作情况填写《消防控制室值班记录表》。

要点 027　切换水喷雾灭火控制盘工作状态

职业功能	工作内容	技能要求	相关知识要求	分项考点	分数	总分
2 设施操作	2.2 自动灭火系统操作	2.2.8能切换水喷雾灭火系统控制装置工作状态，手动启/停系统	2.2.8水喷雾灭火系统的工作原理和操作方法	1. 确认显示盘正常	0.1	0.3
				2. 水喷雾灭火控制盘解锁	0.1	
				3. 操作"手动/自动"按钮	0.1	
				4. 填写记录		

一、操作准备

1. 技术资料

水喷雾灭火系统图、火灾探测器等系统部件现场布置图和地址编码表、水喷雾灭火控制器产品使用说明书和设计手册等技术资料。

2. 常备工具

旋具、钳子、万用表、绝缘胶带等。

3. 防护装备

安全防护装备，如防砸鞋、安全帽、绝缘手套等。

4. 实操设备

电动及传动管型水喷雾灭火演示系统。

5. 记录表格

《消防控制室值班记录表》《建筑消防设施维护保养记录表》。

二、操作步骤

1. 确认显示盘正常

水喷雾灭火控制盘显示正常，无故障或报警。

2. 水喷雾灭火控制盘解锁

按下"解锁"按钮，输入密码确认，即可解锁。

3. 操作"手动/自动"按钮

可切换水喷雾灭火控制盘当前状态，每操作一次，状态切换一次。"自动"状态灯亮时，水喷雾灭火控制盘为"自动"状态，此时水喷雾灭火控制盘接受远程控制；"手动"状态灯亮时，水喷雾灭火控制盘为"手动"状态，此时水喷雾灭火控制盘不接受远程控制。

4. 填写记录

操作结束后，根据实际操作情况，规范填写《消防控制室值班记录表》《建筑消防设施维护保养记录表》。

要点 028　手动启/停水喷雾灭火系统

职业功能	工作内容	技能要求	相关知识要求	分项考点	分数	总分
2 设施操作	2.2 自动灭火系统操作	2.2.8 能切换水喷雾灭火系统控制装置工作状态，手动启/停系统	2.2.8 水喷雾灭火系统的工作原理和操作方法	1. 拆除连接线	0.1	0.3
				2. 紧急启动操作		
				3. 观察联动信号	0.1	
				4. 紧急停止操作		
				5. 恢复连接线路	0.1	
				6. 填写记录		

一、操作准备

1. 技术资料

水喷雾灭火系统图、火灾探测器等系统部件现场布置图和地址编码表、水喷雾灭火控制器产品使用说明书和设计手册等技术资料。

2. 常备工具

旋具、钳子、万用表、绝缘胶带等。

3. 防护装备

安全防护装备，如防砸鞋、安全帽、绝缘手套等。

4. 实操设备

电动及传动管型水喷雾灭火演示系统。

5. 记录表格

《消防控制室值班记录表》《建筑消防设施维护保养记录表》。

二、操作步骤

1. 拆除连接线

启动操作前，应将控制线路的连接拆开，防止真实喷放。

2. 紧急启动操作

（1）在灭火控制盘面板上操作

紧急启动操作用于紧急状态。当消防值班人员发现火情而此时火灾报警控制器未发出声、光报警信号时，应立即通知现场所有人员撤离现场，在确定所有人员撤离现场后，方可按下水喷雾灭火控制盘面板上的"按下启动"按钮，系统立即实施灭火操作。

（2）在手动操作控制盒上操作

紧急启动操作用于紧急状态。当消防值班人员发现火情而此时火灾报警控制器未发出声、光报警信号时，应立即通知现场所有人员撤离现场，在确定所有人员撤离现场后，方可按下绿色"启动按下"按钮，系统立即实施灭火操作。

3. 观察联动信号

相关动作信号及联动设备动作是否正常（如发出声、光报警，启动输出端的负载响应，关闭通风空调、防火阀等）。

4. 紧急停止操作

在水喷雾灭火控制盘延时 30s 内，在水喷雾灭火控制盘面板上找到对应的"紧急中断"按钮或在手动控制盒上找到对应的"紧急停止"按钮，按下后系统即可停止灭火过程。

5. 恢复连接线路

将系统恢复至准工作状态。

6. 填写记录

根据实际作业的情况，填写《消防控制室值班记录表》《建筑消防设施维护保养记录表》。

要点 029 切换细水雾灭火控制盘工作状态

职业功能	工作内容	技能要求	相关知识要求	分项考点	分数	总分
2 设施操作	2.2 自动灭火系统操作	2.2.9能切换细水雾灭火系统控制装置工作状态，手动启/停系统	2.2.9细水雾灭火系统的工作原理和操作方法	1. 确认显示盘正常	0.1	0.2
				2. 解锁细水雾灭火控制盘		
				3. 操作"手动/自动"按钮	0.1	
				4. 填写记录		

一、操作准备

1. 技术资料

细水雾灭火系统图，火灾探测器等系统部件现场布置图和地址编码表，细水雾灭火控制盘产品使用说明书和设计手册等技术资料。

2. 常备工具

旋具、钳子、万用表、绝缘胶带等。

3. 防护装备

安全防护装备，如防砸鞋、安全帽、绝缘手套等。

4. 实操设备

泵组式开式和闭式细水雾灭火演示系统。

5. 记录表格

《消防控制室值班记录表》《建筑消防设施维护保养记录表》。

二、操作步骤

1. 确认显示盘正常

确认细水雾灭火控制盘显示正常，无故障或报警。

2. 解锁细水雾灭火控制盘

按下解锁按钮，输入密码确认，即可解锁。

3. 操作"手动/自动"按钮

可切换细水雾灭火控制盘当前状态，每操作一次，状态转换一次。"自动"状态灯亮时，细水雾灭火控制盘为"自动"状态，此时细水雾灭火控制盘接受远程控制；"手动"状态灯亮时，细水雾灭火控制盘为"手动"状态，此时细水雾灭火控制盘不接受远程控制。

4. 填写记录

操作结束后，根据实际操作情况，填写《消防控制室值班记录表》《建筑消防设施维护保养记录表》。

要点 030 手动启/停细水雾灭火系统

职业功能	工作内容	技能要求	相关知识要求	分项考点	分数	总分
2 设施操作	2.2 自动灭火系统操作	2.2.9能切换细水雾灭火系统控制装置工作状态,手动启/停系统	2.2.9细水雾灭火系统的工作原理和操作方法	1. 启动操作前,应将控制线路的连接拆开,防止真实喷放	0.1	0.2
				2. 紧急启动操作		
				3. 观察相关动作信号及联动设备动作是否正常	0.1	
				4. 紧急停止操作		
				5. 恢复连接线路,将系统恢复至准工作状态		
				6. 记录情况		

一、操作准备

1. 技术资料

细水雾灭火系统图、火灾探测器等系统部件现场布置图和地址编码表,细水雾灭火控制器产品使用说明书和设计手册等技术资料。

2. 常备工具

旋具、钳子、万用表、绝缘胶带等。

3. 防护装备

安全防护装备，如防砸鞋、安全帽、绝缘手套等。

4. 实操设备

泵组式开式和闭式细水雾灭火演示系统。

5. 记录表格

《消防控制室值班记录表》《建筑消防设施维护保养记录表》。

二、操作步骤

1. 启动操作前，应将控制线路的连接拆开，防止真实喷放

2. 紧急启动操作

（1）在灭火控制盘面板上操作

紧急启动操作用于紧急状态。当消防值班人员发现火情而此时火灾报警控制器未发出声、光报警信号时，应立即通知现场所有人员撤离现场，在确定所有人员撤离现场后，方可按下细水雾灭火控制盘面板上的"按下启动"按钮，系统立即实施灭火操作。

（2）在手动操作控制盒上操作

紧急启动操作用于紧急状态。当消防值班人员发现火情而此时报警控制器未发出声、光报警信号时，应立即通知现场所有人员撤离现场，在确定所有人员撤离现场后，方可按下绿色"启动按下"按钮，系统立即实施灭火操作。

3. 观察相关动作信号及联动设备动作是否正常

如发出声、光报警，启动输出端的负载响应，关闭通风空调、防火阀等。

4. 紧急停止操作

在细水雾灭火控制盘延时 30s 内，在细水雾灭火控制盘面板上

找到对应的"紧急中断"按钮或在手动控制盒上找到对应的"紧急停止"按钮，按下后系统即可停止灭火过程。

5. 恢复连接线路，将系统恢复至准工作状态

6. 记录情况

根据实际作业的情况，填写《消防控制室值班记录表》《建筑消防设施维护保养记录表》。

要点 031　切换干粉灭火系统控制装置状态和手动启/停干粉灭火系统

职业功能	工作内容	技能要求	相关知识要求	分项考点	分数	总分
2 设施操作	2.2 自动灭火系统操作	2.2.10 能切换干粉灭火系统控制装置工作状态，手动启/停系统	2.2.10 干粉灭火系统的工作原理和操作方法	1. 连接驱动装置	0.1	0.3
				2. 检查控制盘状态		
				3. 控制器转为自动控制		
				4. 观察联动反馈情况	0.1	
				5. 控制器转为手自动控制		
				6. 按下启动按钮		
				7. 在延迟时间内按下启动按钮	0.1	
				8. 将系统复位		
				9. 记录情况		

一、操作准备

1. 技术资料

干粉灭火系统的系统图、管线图、电气接线图，产品说明书和设计手册等技术资料。

2. 常备工具

旋具、钳子、万用表、绝缘胶带等。

3. 防护装备

安全防护装备，如口罩、安全帽等。

4. 实操设备

储气瓶型干粉灭火演示系统。

5. 记录表格

《消防控制室值班记录表》《建筑消防设施故障维修记录表》。

二、操作步骤

1. 连接驱动装置

将干粉灭火控制装置的启动输出端与干粉灭火系统相应防护区驱动装置连接。

驱动装置应与阀门的动作机构脱离。也可以用一个启动电压、电流与驱动装置的启动电压、电流相同的负载代替驱动装置。

2. 检查控制盘状态

检查干粉灭火系统控制盘上有无报警、故障及其他异常信息，若正常就进行下一步操作，若有异常则应该先排查并消除异常信息后再进行下一步操作。

3. 控制器转为自动控制

查看防护区内有无工作人员，确定没有人员后，将干粉灭火系统的操控开关置于"自动"状态。

4. 观察联动反馈情况

观察干粉灭火系统有无联动及反馈情况，判断灭火系统是否工作正常。

5. 控制器转为手自动控制

将干粉灭火系统的操控开关置于"手动"状态。

6. 按下启动按钮

找到手动紧急启动/停止装置，按下手动"启动"按钮，观察相关动作信号是否正常（如发出声、光报警等）。

7. 在延迟时间内按下启动按钮

在灭火剂喷放延迟时间内（一般不超过 30s），手动按下"紧急停止"按钮，装置应能在灭火剂喷放前的延迟阶段中止。观察驱动装置是否动作及其他设备有无联动情况。

8. 将系统复位

对平时没有人员的防护区设置在"自动"状态。

9. 记录情况

根据实际作业的情况，填写《消防控制室值班记录表》《建筑消防设施维护保养记录表》。

要点 032　操作柴油发电机组

职业功能	工作内容	技能要求	相关知识要求	分项考点	分数	总分
2 设施操作	2.3 其他消防设施操作	2.3.1能手动启/停柴油发电机组并完成供电操作	2.3.1柴油发电机组的操作方法	1. 做好柴油发电机组的手动启/停操作前准备与检查工作	0.1	0.2
				2. 手动启动操作	0.1	
				3. 手动停车操作		
				4. 供电手动操作		
				5. 记录情况		

一、操作准备

1. 技术资料

柴油发电机组现场布置图、产品使用说明书和设计手册等技术资料。

2. 常备工具

温度计、手套、棉布、万用表、绝缘胶带等。

3. 防护装备

安全防护装备,如防砸鞋、安全帽、绝缘手套等。

4. 实操设备

柴油发电机组演示系统。

5. 记录表格

《消防控制室值班记录表》《建筑消防设施维护保养记录表》。

二、操作步骤

1. 做好柴油发电机组的手动启/停操作前准备与检查工作

（1）检查室内气温是否低于发电机组启动最低环境温度，如低于最低启动环境温度，应开启电加热器对机器进行预热。

（2）检查设备及周围有无妨碍运转和通风的杂物，如有应及时清走。

（3）检查曲轴箱油位、燃油箱油位、散热器水位，如油位或水位低于规定值，应补至正常位置。

（4）检查散热器循环水阀是否常开；检查燃油供油阀是否常开；检查启动柴油机的蓄电池组是否达到启动电压；检查应急控制柜电源开关状态是否为开启状态。

2. 手动启动操作

柴油发电机组手动启动操作流程如下：

（1）按下应急控制柜发电机组控制屏的"手动"按钮，将发电机组控制方式设置为手动模式。

（2）按下应急控制柜发电机组控制屏的"启动"按钮，观察柴油发电机组是否启动运转。

（3）如第一次启动失败，应待控制屏警报消除、机组恢复正常停车状态后方可进行第二次启动。启动后，若机器运转声音正常、冷却水泵运转指示灯亮及电路仪表指示正常，则说明启动成功。

3. 手动停车操作

柴油发电机组手动停车操作流程如下：

（1）确认柴油发电机组控制方式设置为手动模式，"手动"按钮指示灯点亮。

（2）按下应急控制柜发电机组控制屏的"停止/停车"按钮，观察柴油发电机组是否停止运转，确认机组停止运转、停车完成。

4. 供电手动操作

柴油发电机组供电手动操作流程如下：

（1）确认柴油发电机组应急控制柜"供电手动/自动开关"的控制方式设置为"手动"模式。

（2）确认柴油发电机组已稳定运行。

（3）确认柴油发电机组发出电源频率与负载设备频率一致。

（4）确认柴油发电机组发出电源各相序电压已平衡。

（5）供电操作。

① 设有同步器的系统操作。把并车发电机的同步器手柄打在"合闸"位置；观察同步指示器的指示灯，完全熄灭或指针旋转到零位时，即可合上并电合闸开关；机组进入并车运行，随后把其同步器手柄旋回"关断"位置；如果同步器合闸后，同步器指针旋转太快或逆时针旋转，则不允许并车，否则将导致合闸失效。

② 双电源切换装置系统的手动操作。穿戴好安全防护用品，利用供电操作专用扳手，顺时针将双电源切换装置切换到备用电源供电状态。

5. 记录情况

根据实际作业的情况，填写《消防控制室值班记录表》《建筑消防设施维护保养记录表》。

要点 033　操作水幕自动喷水系统的控制装置

职业功能	工作内容	技能要求	相关知识要求	分项考点	分数	总分
2 设施操作	2.3 其他消防设施操作	2.3.2能操作水幕自动喷水系统的控制装置	2.3.2水幕自动喷水系统的工作原理和操作方法	1. 自动控制方式操作步骤	0.1	0.1
				2. 手动控制方式操作步骤		
				3. 记录情况		

一、操作准备

1. 技术资料

图样、控制装置产品使用说明书等技术资料。

2. 常备工具

万用表、旋具、钳子、绝缘胶带等。

3. 防护装备

安全防护装备，如安全帽、护目镜、绝缘手套等。

4. 实操设备

水幕自动喷水演示系统。

5. 记录表格

《建筑消防设施维护保养记录表》。

二、操作步骤

1. 自动控制方式操作步骤

（1）确认水幕系统控制装置显示正常，无故障或报警。

（2）操作消防泵控制柜操作面板上的手动/自动转换开关，使消防泵控制柜处于自动状态（如：一主二备、二主一备）。

（3）操作火灾报警控制器和消防联动控制器操作面板上的按钮/开关锁（如有），使面板按钮/开关处于解锁状态。

（4）操作火灾报警控制器和消防联动控制器操作面板上的手动/自动转换开关，使火灾报警控制器和消防联动控制器处于自动状态，相应自动状态指示灯点亮。

（5）根据实际作业情况，填写相关记录表单。

2. 手动控制方式操作步骤

（1）确认水幕系统控制装置显示正常，无故障或报警。

（2）操作消防泵控制柜操作面板上的手动/自动转换开关，使消防泵控制柜处于自动状态。

（3）操作消防联动控制器操作面板上的按钮/开关锁（如有），使面板按钮/开关处于解锁状态。

（4）操作消防联动控制器操作面板上的手动/自动转换开关，使消防联动控制器处于手动状态，相应手动状态指示灯点亮。

（5）操作消防联动控制器面板对应水幕喷水系统电磁阀启动/停止按钮。

（6）根据实际作业情况，填写相关记录表单。

3. 记录情况

根据实际作业的情况，填写《建筑消防设施维护保养记录表》。

要点 034　消防设备末端配电装置自动切换主、备用电源

职业功能	工作内容	技能要求	相关知识要求	分项考点	分数	总分
2 设施操作	2.3 其他消防设施操作	2.3.4 能设置消防设备末端配电装置工作模式，能切换主、备电源	2.3.4 消防设备末端配电装置的操作方法	1. 切断主电源	0.1	0.3
				2. 检查消防设备末端配电装置各仪表及指示灯的显示情况	0.1	
				3. 恢复电源	0.1	
				4. 填写记录		

一、操作准备

1. 技术资料

消防设备末端配电装置系统图，消防设备末端配电装置产品使用说明书和设计手册等技术资料。

2. 常备工具

绝缘钳、绝缘扳手、旋具等。

3. 防护装备

安全防护装备，如绝缘手套、绝缘鞋等电工防护用品。

4. 实操设备

具有双电源切换装置的配电箱（柜）、秒表等检测工具。

5. 记录表格

《消防控制室值班记录表》《建筑消防设施维护保养记录表》。

二、操作步骤

以双电源自动切换装置为例，介绍主电源与备用电源的自动切换。

1. 切断主电源

检查备用电源的自动投入情况，并用秒表测量转换时间。

2. 检查消防设备末端配电装置各仪表及指示灯的显示情况

3. 恢复电源

4. 填写记录

《消防控制室值班记录表》《建筑消防设施维护保养记录表》。

要点 035　消防设备末端配电装置手动切换

职业功能	工作内容	技能要求	相关知识要求	分项考点	分数	总分
2 设施操作	2.3 其他消防设施操作	2.3.4 能设置消防设备末端配电装置工作模式，能切换主、备电源	2.3.4 消防设备末端配电装置的操作方法	1. 切断主电源供电断路器，检查各仪表及指示灯是否正常	0.1	0.3
				2. 恢复主电源供电断路器，检查各仪表及指示灯是否正常	0.1	
				3. 填写记录	0.1	

一、操作准备

1. 技术资料

消防设备末端配电装置系统图、消防设备末端配电装置产品使用说明书和设计手册等技术资料。

2. 常备工具

绝缘钳、绝缘扳手、旋具等。

3. 防护装备

安全防护装备，如绝缘手套、绝缘鞋等电工防护用品。

4. 记录表格

《消防控制室值班记录表》《建筑消防设施维护保养记录表》。

二、操作步骤

1. 切断主电源供电断路器，检查各仪表及指示灯是否正常

（1）当采用电网电源作备用电源时，切断主电源供电断路器，手动操作双电源切换装置至备用电源一侧后，备用电源断路器闭合，备用电源持续供电。

（2）当采用发电机作备用电源时，切断主电源供电断路器，手动操作双电源切换装置至备用电源一侧后，断开双电源互投柜内负载断路器。启动发电机，待机组运行正常时，顺序闭合发电机空气开关、双电源互投柜内负载断路器，向负载供电。

2. 恢复主电源供电断路器，检查各仪表及指示灯是否正常

（1）当采用电网电源作备用电源时，手动操作双电源切换装置至主电源一侧：

① 断开双电源互投柜备用电源断路器。

② 闭合双电源互投柜主电源断路器。

③ 恢复主电源供电。

（2）当采用发电机作备用电源时，手动操作双电源切换装置至主电源一侧：

① 断开双电源互投柜备用电源断路器。

② 闭合双电源互投柜主电源断路器。

③ 断开发电机空气开关。

④ 关闭发电机。

⑤ 恢复主电源供电。

3. 填写记录

《消防控制室值班记录表》《建筑消防设施维护保养记录表》。

要点 036　测试消防设备电源状态监控器的报警功能

职业功能	工作内容	技能要求	相关知识要求	分项考点	分数	总分
2 设施操作	2.3 其他消防设施操作	2.3.5能测试消防设备电源状态监控器的报警功能	2.3.5消防设备电源状态监控器报警和显示功能的测试方法	1. 测试消防设备供电中断故障报警功能	0.1	0.3
				2. 测试消防设备电源状态监控器故障报警功能	0.1	
				3. 根据测试结果，填写记录	0.1	

一、操作准备

1. 技术资料

消防设备电源监控系统图、系统部件现场布置图和地址编码表，消防设备电源状态监控器使用说明书和设计手册等技术资料。

2. 实操设备

消防设备电源状态监控系统演示模型，旋具、万用表、交流调压器、交流恒流源等电工工具，声级计、秒表等检测设备。

3. 记录表格

《消防控制室值班记录表》《建筑消防设施故障维修记录表》。

二、操作步骤

1. 测试消防设备供电中断故障报警功能

（1）断开某个被监控的消防设备供电电源。

（2）用秒表测量监控器发生故障警报的时间，检查监控器的显示情况。

（3）按监控器"消音"键，监控器的故障声响应关闭，消音指示灯应点亮。

（4）再断开一个被监控的消防设备供电电源，用秒表测量监控器再次发出故障报警的时间，检查监控器的显示情况。

（5）恢复上述消防设备供电。对于能自动复位的监控器，监控器应能自动复位至正常监视状态。对于需手动复位的监控器，操作监控器手动"复位"按键。

2. 测试消防设备电源状态监控器故障报警功能

（1）测试监控器与传感器间连接线故障报警功能

模拟监控器与传感器间连接线的断路、短路和影响系统功能的接地故障，用秒表测量监控器发出故障报警的时间，检查监控器的显示情况。监控器应能在100s内发出故障声、光信号，显示并记录故障的部位、类型和时间。

（2）测试监控器与备用电源间连接线故障报警功能

模拟监控器充电器与备用电源间连接线断路、短路（短路前应先将备用电源开关断开）故障，用秒表测量监控器发出故障报警的时间，检查监控器的显示情况。监控器应能在100s内发出故障声、光信号，显示并记录故障的部位、类型和时间。

（3）测试监控器与主电源间连接线故障报警功能

模拟监控器自身主电源断电，用秒表测量监控器发出故障报警的时间，检查监控器的显示情况。监控器应能在100s内发出故障声、光信号，显示并记录故障的部位、类型和时间。

（4）撤销模拟故障，测试复位情况

对于能自动复位的监控器，监控器应能自动复位至正常监视状态。对于需手动复位的监控器，操作监控器"复位"按键，将监控器复位至正常监视状态。

3. 根据测试结果，填写记录

根据实际情况，规范填写《消防控制室值班记录表》；如发现系统异常，还应规范填写《建筑消防设施故障维修记录表》。

要点 037　测试消防应急电源的
故障报警和保护功能

职业功能	工作内容	技能要求	相关知识要求	分项考点	分数	总分
2 设施操作	2.3 其他消防设施操作	2.3.6能测试消防应急电源的故障报警和保护功能	2.3.6消防应急电源故障报警和过充、过放保护功能的测试方法	1. 模拟消防应急电源故障报警和保护功能	0.1	0.3
				2. 模拟电池连接线的断线故障报警功能		
				3. 模拟消防应急电源电池欠压故障报警功能和过放电保护功能	0.1	
				4. 模拟消防应急电源的输出过流故障报警功能和输出过流保护功能	0.1	
				6. 填写记录	0.1	

一、操作准备

1. 技术资料

消防应急电源使用说明书和设计手册等技术资料。

2. 实操设备

消防应急电源系统演示模型，旋具、万用表等电工工具。

3. 记录表格

《消防控制室值班记录表》。

二、操作步骤

1. 模拟消防应急电源故障报警和保护功能

模拟充电器与电池组之间连接线的断线故障报警功能：断开充电器与电池组之间的连接线，检查消防应急电源是否发出故障声、光报警信号，并查看消防应急电源是否显示（指示）出故障类型等故障信息。

2. 模拟电池连接线的断线故障报警功能

断开一组电池之间的连接线，检查消防应急电源是否发出故障声、光报警信号，并查看消防应急电源是否显示（指示）出故障类型等故障信息。

3. 模拟消防应急电源电池欠压故障报警功能和过放电保护功能

用万用表测试消防应急电源蓄电池两端的电压；断开消防应急电源主电空气开关，使消防应急电源进入应急工作状态。

当消防应急电源发出电池欠压故障报警声、光信号时，检查消防应急电源蓄电池是否不小于额定电压的 90%；消防应急电源在报出电池欠压故障后，检查消防应急电源是否切断输出回路，对蓄电池进行过放电保护，终止放电；终止放电时，用微安表（或者万用表的微安档位）测试蓄电池的静态泄放电流，静态泄放电流不应大于 $10^{-5}C_{20}$ A，其中 C_{20} 代表蓄电池放电时率为 20h 的额定容量。

4. 模拟消防应急电源的输出过流故障报警功能和输出过流保护功能

（1）模拟消防应急电源的输出过流故障报警功能

① 断开控制消防应急电源输出的空气开关。

② 将消防应急电源额定输出功率120％（不同厂商、型号所规定的输出过流故障报警值不同，以产品说明书中具体规定的数值为准）的负载接入消防应急电源。

③ 闭合控制消防应急电源输出的空气开关，检查消防应急电源是否发出故障声、光报警信号，并查看消防应急电源是否显示（指示）出故障类型等故障信息。

（2）模拟消防应急电源的输出过流保护功能

① 断开控制消防应急电源输出的空气开关。

② 将消防应急电源额定输出功率150％（不同厂商、型号所规定的输出过流保护值不同，以产品说明书中具体规定的数值为准）的负载接入消防应急电源。

③ 闭合控制消防应急电源输出的空气开关，检查消防应急电源输出启动后是否自动保护，停止输出。

④ 恢复负载为额定功率以下值，检查消防应急电源输出是否恢复到正常工作状态。

5. 填写记录

根据检查结果，规范填写《消防控制室值班记录表》。

要点 038　模拟测试电气火灾监控系统的报警、显示功能

职业功能	工作内容	技能要求	相关知识要求	分项考点	分数	总分
2 设施操作	2.3 其他消防设施操作	2.3.7能模拟测试电气火灾监控系统、可燃气体探测报警系统的报警、显示功能	2.3.7电气火灾监控系统、可燃气体探测报警系统报警和显示功能的模拟测试方法	1. 检查探测器的报警设定值	0.1	0.4
				2. 模拟探测器报警	0.1	
				3. 查询监控设备的监控报警功能	0.1	
				4. 消除监控设备报警声音		
				5. 查询监控设备显示信息	0.1	
				6. 复位监控设备		
				7. 填写记录		

一、操作准备

1. 技术资料

电气火灾监控系统图、监控探测器等系统部件现场布置图和地址编码表、电气火灾监控设备使用说明书和设计手册等技术资料。

2. 实操设备

电气火灾监控系统演示模型、旋具、万用表等电工工具，测温

仪、声级计、秒表等检测设备。

3. 记录表格

《消防控制室值班记录表》《建筑消防设施故障维修记录表》。

二、操作步骤

1. 检查探测器的报警设定值

（1）检查剩余电流式电气火灾监控探测器的报警设定值

操作电气火灾监控设备查询剩余电流式电气火灾监控探测器的报警设定值，报警设定值为 500mA。

（2）检查测温式电气火灾监控探测器的报警设定值

操作电气火灾监控设备查询测温式电气火灾监控探测器的报警设定值，三只测温式电气火灾监控探测器的报警设定值均为 65℃。

2. 模拟探测器报警

（1）模拟剩余电流式电气火灾监控探测器报警

将剩余电流发生器接入剩余电流式电气火灾监控探测器的探测回路，调整发生器的电流值逐渐增大至报警设定值的 120%，直到探测器发出报警信号，检查探测器报警确认灯点亮情况。

（2）模拟测温式电气火灾监控探测器报警

将热风机的出口温度调整为报警设定温度的 105% 以上，一般不高于 120%，即 69～78℃。用热风机吹测温式电气火灾监控探测器的温敏元件，探测器发出报警信号，检查探测器报警确认灯点亮情况。

（3）模拟故障电弧探测器报警

将故障电弧探测器接入电弧模拟发生器，操作发生器 1s 内发出 14 个以上的故障电弧，直到探测器发出报警信号。

3. 查询监控设备的监控报警功能

（1）电气火灾监控设备进入报警状态

剩余电流式电气火灾探测器、测温式电气火灾探测器或故障电弧探测器报警确认灯点亮后，检查电气火灾监控设备报警状态情况。监控器应在 10s 内发出声、光报警信号，指示报警部位，显示报警时间。

（2）查询探测器测量值功能

操作电气火灾监控设备查询监控探测器实时的剩余电流值和温度值，电气火灾监控设备测得的剩余电流式电气火灾探测器的电流值为 968mA。

4. 消除监控设备报警声音

（1）操作电气火灾监控设备消音

电气火灾监控设备收到报警信息后，会点亮相对应状态的红色报警指示灯，同时发出报警提示音。按下"消音"按键，检查声报警信号的消除情况。

（2）消音指示

监控器的消音指示灯应点亮，记录监控器的音响情况。

5. 查询监控设备显示信息

（1）显示监控报警总数

电气火灾监控设备的监控报警总数为 5 个。

（2）手动查询监控报警信息

当有多个监控报警信号输入时，监控设备应按时间顺序显示报警信息；在不能同时显示所有的监控报警信息时，未显示的信息应能手动查询。

（3）监控报警信息优先显示

当电气火灾监控设备的故障信息和监控报警信息同时存在时，监控报警信息优先于故障信息显示。

（4）报警状态下故障可查

当电气火灾监控设备的故障信息和监控报警信息同时存在时，监控报警信息优先于故障信息显示，故障信息应能手动操作查询。

6. 复位监控设备

（1）操作电气火灾监控设备复位

恢复所有探测器施加的模拟报警措施，手动操作监控器的"复位"按键，检查探测器指示灯的变化情况，检查监控器的工作状态。

（2）电气火灾监控设备复位完毕

监控器应在 20s 内完成复位操作，恢复至正常监视状态。

7. 填写记录

根据检查和测试结果，规范填写《消防控制室值班记录》；如发现系统异常，还应规范填写《建筑消防设施故障维修记录表》。

要点 039　模拟测试可燃气体探测报警系统的报警、显示功能

职业功能	工作内容	技能要求	相关知识要求	分项考点	分数	总分
2 设施操作	2.3 其他消防设施操作	2.3.7 能模拟测试电气火灾监控系统、可燃气体探测报警系统的报警、显示功能	2.3.7 电气火灾监控系统、可燃气体探测报警系统报警和显示功能的模拟测试方法	1. 模拟探测器报警	0.1	0.3
				2. 查询报警控制器的报警信息		
				3. 消除报警控制器的报警声音	0.1	
				4. 查询报警控制器的显示信息		
				5. 复位报警控制器	0.1	
				6. 填写记录		

一、操作准备

1. 技术资料

可燃气体探测报警系统图、可燃气体探测器等系统部件现场布置图和地址编码表、可燃气体报警控制器使用说明书和设计手册等技术资料。

2. 实操设备

可燃气体探测报警系统演示模型，旋具、扳手、万用表等电工

工具，声级计、秒表等检测设备。

3. 记录表格

《消防控制室值班记录表》《建筑消防设施故障维修记录表》。

二、操作步骤

1. 模拟探测器报警

选用探测器生产商提供或者指定的标准气体，通过减压阀、流量计、气管，用标定罩对准可燃气体探测器传感器，调整标准气体钢瓶的减压阀，使标准气体缓慢注入，检查探测器报警确认灯点亮情况。注意标准气体的浓度值一定要大于可燃气体探测器的高限报警设定值。

2. 查询报警控制器的报警信息

（1）可燃气体报警控制器进入报警状态

可燃气体探测器报警确认灯点亮后，检查可燃气体报警控制器报警状态情况。控制器应能在 10s 内发出可燃气体报警声、光信号，指示报警部位，记录报警时间。

（2）查询探测器浓度值功能

在可燃气体报警控制器报警状态下，操作可燃气体报警控制器，查询探测器的实时浓度显示。

3. 消除报警控制器的报警声音

（1）操作可燃气体报警控制器消音

可燃气体报警控制器接收到报警信息，会点亮相对应状态的红色报警指示灯，同时发出报警提示音。

（2）消音指示

检查控制器的消音指示是否清晰、控制器的报警声是否停止。

4. 查询报警控制器的显示信息

（1）查询报警信息

操作可燃气体报警控制器，查询首警部位、首警时间和报警总数。

（2）手动查询报警信息

操作可燃气体报警控制器手动"查询"按键，查看后续报警部位是否按报警时间顺序循环、显示。

（3）查询报警状态下的故障信息

在可燃气体报警控制器报警状态下，模拟非报警探测器发出故障，操作可燃气体报警控制器，查询探测器的故障信息。

5. 复位报警控制器

（1）操作可燃气体报警控制器复位

手动操作控制器的"复位"按键，检查探测器指示灯的变化情况，检查控制器的工作状态。

（2）可燃气体报警控制器复位完成

控制器应在 20s 内完成复位操作，恢复至正常监视状态。

6. 填写记录

根据检查和测试结果，规范填写《消防控制室值班记录表》；如发现系统异常，还应规范填写《建筑消防设施故障维修记录表》。

要点 040　清洁消防控制室设备机柜内部

职业功能	工作内容	技能要求	相关知识要求	分项考点	分数	总分
3 设施保养	3.1 火灾自动报警系统保养	3.1.1能清洁消防控制室设备机柜内部	3.1.1消防控制室设备机柜内部的清洁方法	1. 检查并记录设备运行情况	0.1	0.6
				2. 将拟清洁设备断电	0.1	
				3. 拆卸设备结构	0.1	
				4. 检查并清扫设备内部相关部件	0.1	
				5. 通电测试	0.1	
				6. 填写记录	0.1	

一、操作准备

1. 技术资料

消防控制室设备产品使用说明书和设计手册等技术资料。

2. 常备工具和材料

万用表、旋具、软布、防静电毛刷、吸尘器等除尘工具和无水酒精等。

3. 实操设备

集中型火灾自动报警演示系统。

4. 记录表格

《建筑消防设施维护保养记录表》。

二、操作步骤

1. 检查并记录设备运行情况

检查并记录被清洗设备的运行显示信息和开关状态，并确认安全。

2. 将拟清洁设备断电

在清洁消防控制室设备机柜内部之前，应按先备电、后主电的顺序断开设备的电源开关，并确认机柜接地良好。

3. 拆卸设备结构

在拆卸机箱背板和侧板时，应仔细阅读设备产品使用说明书，不可强行拆卸。

4. 检查并清扫设备内部相关部件

（1）内部除尘

使用除尘工具清扫附着在设备内部电子元器件、电路板、接线端子以及电源部件上的灰尘，往软布上倒少许清洁电子设备的专用酒精，使其微湿，小心擦拭设备内部箱体，并待设备内部彻底晾干后再进行其他操作。

（2）接线口和绝缘护套的检查与更换

检查控制器机柜接线口的封堵是否完好，各接线的绝缘护套是否有明显的龟裂、破损，若存在问题及时进行修补和更换。

（3）检查并紧固电路板和接线端子

检查电路板和组件是否有松动，接线端子和线标是否紧固、完好，对松动部位进行紧固。

5. 通电测试

安装好机柜侧门（板）后，先接通主电源开关，再接通备用电源开关，进行自检和整机功能测试。将设备工作恢复至清洁前状态后，关闭机柜前后门（背板）。

6. 填写记录

根据维护保养结果，规范填写《建筑消防设施维护保养记录表》。

要点 041 清洁消防控制设备组件 （电路板、插接线等）

职业功能	工作内容	技能要求	相关知识要求	分项考点	分数	总分
3 设施保养	3.1 火灾自动报警系统保养	3.1.2能清洁火灾报警控制器、消防联动控制器和消防控制室图形显示装置电路板	3.1.2火灾报警控制器、消防联动控制器和消防控制室图形显示装置电路板积灰的清除方法	1. 安全合理拆卸电路板	0.1	0.6
				2. 清洁电路板上的积尘	0.1	
				3. 插接线清洁与锈蚀处置	0.1	
				4. 安装恢复设备组件	0.1	
				5. 通电并进行整机测试确认	0.1	
				6. 填写记录	0.1	

一、操作准备

1. 技术资料

消防控制室设备产品使用说明书和设计手册等技术资料。

2. 常备工具和材料

旋具、电烙铁、焊锡和专用吸尘器等。

3. 实操设备

集中型火灾自动报警演示系统。

4. 记录表格

《建筑消防设施维护保养记录表》。

二、操作步骤

1. 安全合理拆卸电路板

关闭设备主电源、备用电源开关，等待设备电容放电后（约2min）再拆卸拟清洁的电路板。拆卸电路板前，首先对其所有的插接件进行编号和记录，拔下电路板连接的所有插接件后再拆除固定电路板的螺钉，取下电路板。

2. 清洁电路板上的积尘

使用吸尘器吸除电路板各部分的积尘，注意不可碰触电路板。若用专用刷子刷去电路板部分的积尘，操作时力量一定要适中，以防碰掉电路板表面的贴片元件或造成元件松动。电路板积尘过多处还可用专用酒精进行清洁。

3. 插接线清洁与锈蚀处置

如果电路板上的插槽灰尘过多，可用吸尘器进行清洁。检查接线端子是否有松动，如有松动可用旋具拧紧，如有锈蚀及时更换接线端子。接线如有锈蚀现象，则应剪掉锈蚀部分并镀锡处理后再连接到相应位置。

4. 安装恢复设备组件

安装清洁后的电路板，紧固各连接螺钉，正确连接各插接线，检查并确认各部位无异常。

5. 通电并进行整机测试确认

依次打开设备主电源、备用电源开关，对设备进行自检和整机功能测试，检查设备运行情况是否与清洁前一致。

6. 填写记录

根据维护保养结果，规范填写《建筑消防设施维护保养记录表》。

要点 042 测试蓄电池的充放电功能

职业功能	工作内容	技能要求	相关知识要求	分项考点	分数	总分
3 设施保养	3.1 火灾自动报警系统保养	3.1.3能测试火灾报警控制器、消防联动控制器蓄电池的充放电功能，更换蓄电池	3.1.3蓄电池的维护保养内容和更换方法	1. 关闭火灾报警控制器主电源	0.1	0.6
				2. 对蓄电池进行充电	0.1	
				3. 对蓄电池进行放电	0.1	
				4. 控制器继续工作	0.1	
				5. 欠压指示	0.1	
				6. 填写记录	0.1	

一、操作准备

1. 技术资料

火灾探测报警系统图、火灾探测器等系统部件现场布置图和地址编码表、火灾报警控制器使用说明书和设计手册等技术资料。

2. 常备工具

旋具、断线钳、绝缘胶带、万用表等电工工具。

3. 实操设备

集中型火灾自动报警演示系统。

4. 记录表格

《建筑消防设施维护保养记录表》

二、操作步骤

1. 关闭火灾报警控制器主电源

关闭火灾报警控制器主电开关，保持备电开关处于打开状态，火灾报警控制器处于备电工作状态。

2. 对蓄电池进行充电

当火灾报警控制器不能正常工作或发出欠压报警时，打开火灾报警控制器主电开关，开始对蓄电池进行充电，并计时 24h。此时火灾报警控制器处于主电工作状态。

3. 对蓄电池进行放电

充电 24h 后关闭火灾报警控制器主电开关，并重新开始计时 8h。

4. 控制器继续工作

备电工作 8h 后，对控制器进行模拟火警、联动等功能测试，如果火灾报警控制器能够正常工作 30min，则说明蓄电池容量正常，完成蓄电池充放电测试，否则需要更换蓄电池。

5. 欠压指示

在进行蓄电池充放电测试过程中，备用电源不能满足正常工作要求时，应能通过声、光提示备电欠压，且不能消音。

6. 填写记录

根据检查结果，规范填写《建筑消防设施维护保养记录表》。

要点 043 更换蓄电池

职业功能	工作内容	技能要求	相关知识要求	分项考点	分数	总分
3 设施保养	3.1 火灾自动报警系统保养	3.1.3能测试火灾报警控制器、消防联动控制器蓄电池的充放电功能,更换蓄电池	3.1.3蓄电池的维护保养内容和更换方法	1. 关闭控制器电源	0.1	0.5
				2. 拆卸蓄电池	0.1	
				3. 安装蓄电池	0.1	
				4. 检查蓄电池与控制器连接是否完整、正确	0.1	
				5. 填写记录	0.1	

一、操作准备

1. 技术资料
火灾报警控制器使用说明书和设计手册等技术资料。

2. 备品备件
控制器厂家提供或者指定规格型号的蓄电池。

3. 常备工具
旋具、钳子、万用表、绝缘胶带等。

4. 记录表格
《建筑消防设施维护保养记录表》。

二、操作步骤

1. 关闭控制器电源
先切断控制器备用电源,再切断控制器主电源,使控制器处于完全断电状态。

2. 拆卸蓄电池

先拆下蓄电池间的连接线，然后拆下蓄电池与控制器间的连接线，再拆下蓄电池的安装支架后，取出蓄电池。

3. 安装蓄电池

将新的蓄电池放入控制器内，并安装蓄电池安装支架，先连接两节蓄电池间的连线，后连接蓄电池与控制器间的连线。

4. 检查蓄电池与控制器连接是否完整、正确

依次打开控制器的主电开关和备电开关，依照产品使用说明书对控制器进行自检操作，观察控制器是否工作正常。

5. 填写记录

根据检查结果，规范填写《建筑消防设施维护保养记录表》。

要点 044　吸气式感烟火灾探测器的清洁与保养

职业功能	工作内容	技能要求	相关知识要求	分项考点	分数	总分
3 设施保养	3.1 火灾自动报警系统保养	3.1.4 能清洁吸气式火灾探测器各组件	3.1.4 吸气式火灾探测器的维护保养内容和方法	1. 检查运行环境		
				2. 检查外观		
				3. 检查接线端子	0.6	
				4. 吹扫采样管		
				5. 接入复检		
				6. 填写记录		

一、操作准备

1. 技术资料

吸气式感烟火灾探测器使用说明书、设计手册等技术资料。

2. 常备工具和材料

旋具、吹尘器、电烙铁、焊锡、软布等。

3. 实操设备

管路吸气式感烟火灾探测器演示模型。

4. 记录表格

《建筑消防设施维护保养记录表》《建筑消防设施故障维修记录表》。

二、操作步骤

1. 检查运行环境

检查探测器安装部位，发现有漏水、渗水现象应上报维修。

2. 检查外观

（1）检查吸气式感烟火灾探测器表面是否有明显的破损，如有应及时上报维修。

（2）检查吸气式感烟火灾探测器的指示灯是否指示正常，如有异常应及时排查故障原因，予以消除。

（3）用专用清洁工具或者软布及适当的清洁剂清洁主机外壳、指示灯，产品标志应清晰、明显，指示灯应清晰可见，功能标注应清晰、明显。

3. 检查接线端子

检查探测器及底座所有产品的接线端子，将连接松动的端子重新紧固连接；换掉有锈蚀痕迹的螺钉、端子垫片等接线部件；去除有锈蚀的导线端，烫锡后重新连接。

4. 吹扫采样管

使用专业工具对吸气式感烟火灾探测器的采样管路进行吹扫，并更换过滤袋。吹扫后应对吸气式感烟火灾探测器重新进行标定，并设定响应阈值。

5. 接入复检

在采样管最末端（最不利处）采样孔加入试验烟，检查探测器或其控制装置是否在 120s 内发出火灾报警信号，结果应符合标准和设计要求。不合格时，应上报维修。

6. 填写记录

根据实际情况，规范填写《建筑消防设施维护保养记录表》；若发现探测器存在故障，还应规范填写《建筑消防设施故障维修记录表》。

要点 045　保养点型火焰探测器

职业功能	工作内容	技能要求	相关知识要求	分项考点	分数	总分
3 设施保养	3.1 火灾自动报警系统保养	3.1.5 能保养火焰探测器和图像型火灾探测器	3.1.5 火焰探测器和图像型火灾探测器的维护保养内容和方法	1. 检查运行环境	0.1	0.6
				2. 检查外观	0.1	
				3. 检查接线端子	0.1	
				4. 清洁光路	0.1	
				5. 接入复检	0.1	
				6. 填写记录	0.1	

一、操作准备

1. 技术资料

点型火焰探测器使用说明书、设计手册等技术资料。

2. 常备工具

旋具、吹尘器、梯子、软布等。

3. 实操设备

含有点型火焰探测器的集中型火灾自动报警演示系统。

4. 记录表格

《建筑消防设施维护保养记录表》《建筑消防设施故障维修记录表》。

二、操作步骤

1. 检查运行环境

检查探测器安装部位，发现运行环境有遮挡物时，应及时清理；发现有漏水、渗水现象时，应上报维修。

2. 检查外观

1）检查探测器表面是否有明显的破损，如有应及时上报维修。

2）检查探测器的指示灯是否指示正常，如有异常应及时排查故障原因，予以消除。

3）用专用清洁工具或者软布及适当的清洁剂清洁外壳、指示灯，产品标志应清晰、明显，指示灯应清晰可见，功能标注应清晰、明显。

3. 检查接线端子

将连接松动的端子重新紧固连接；换掉有锈蚀痕迹的螺钉、端子垫片等接线部件；去除有锈蚀的导线端，烫锡后重新连接。

4. 清洁光路

用专用清洁工具或软布及适当的清洁剂清洁光路通过的窗口。

5. 接入复检

产品经维护保养接入系统后，采用专用检测仪器或模拟火灾的方法在探测器监视区域内最不利处检查探测器的报警功能，检查探测器是否能正确响应，结果应符合标准和设计要求。不合格时，应上报维修。

6. 填写记录

根据实际情况，规范填写《建筑消防设施维护保养记录表》；若发现探测器存在故障，还应规范填写《建筑消防设施故障维修记录表》。

要点 046　保养图像型火灾探测器

职业功能	工作内容	技能要求	相关知识要求	分项考点	分数	总分
3 设施保养	3.1 火灾自动报警系统保养	3.1.5能保养火焰探测器和图像型火灾探测器	3.1.5火焰探测器和图像型火灾探测器的维护保养内容和方法	1. 检查运行环境	0.1	0.6
				2. 检查外观	0.1	
				3. 检查接线端子	0.1	
				4. 清洁镜头	0.1	
				5. 接入复检	0.1	
				6. 填写记录	0.1	

一、操作准备

1. 技术资料

图像型火灾探测器使用说明书、设计手册等技术资料。

2. 常备工具和材料

旋具、吹尘器、电烙铁、焊锡、梯子、软布等。

3. 实操设备

含有图像型火灾探测器的集中型火灾自动报警演示系统。

4. 记录表格

《建筑消防设施维护保养记录表》《建筑消防设施故障维修记录表》。

二、操作步骤

1. 检查运行环境

检查探测器安装部位，发现运行环境有遮挡物时，应及时清理；发现有漏水、渗水现象时，应上报维修。

2. 检查外观

用专用清洁工具或者软布及适当的清洁剂清洗外壳、镜头保护罩，以保证产品标志清晰、明显，指示灯清晰可见，功能标注清晰、明显。

3. 检查接线端子

检查探测器及底座所有产品的接线端子，将连接松动的端子重新紧固连接；换掉有锈蚀痕迹的螺钉、端子垫片等接线部件；去除有锈蚀的导线端，烫锡后重新连接。

4. 清洁镜头

若镜头保护罩后的镜头受到污染，用专用镜头纸、软布或清洁剂清洁镜头。

5. 接入复检

产品经维护保养接入系统后，采用专用检测仪器或模拟火灾的方法在探测器监视区域内最不利处检查探测器的报警功能，检查探测器是否能正确响应，结果应符合标准和设计要求。不合格时，应上报维修。

6. 填写记录

根据实际情况，规范填写《建筑消防设施维护保养记录表》；若发现探测器存在故障，还应规范填写《建筑消防设施故障维修记录表》。

要点 047　保养泡沫产生器

职业功能	工作内容	技能要求	相关知识要求	分项考点	分数	总分
3 设施保养	3.2 自动灭火系统保养	3.2.1 能保养泡沫产生装置、泡沫比例混合装置、供泡沫液消防泵等	3.2.1 泡沫灭火系统的维护保养内容和方法	1. 外观检查与保养	0.1	0.4
				2. 吸气口检查与保养	0.1	
				3. 密封玻璃检查与保养	0.1	
				4. 填写记录	0.1	

一、操作准备

1. 技术资料

泡沫产生器设备说明书、调试手册、图样等技术资料。

2. 常备工具

旋具、抹布等。

3. 实操设备

泡沫灭火演示系统。

4. 记录表格

《建筑消防设施维护保养记录表》。

二、操作程序

1. 外观检查与保养

对泡沫产生器的各部件进行外观检查，查看各部件是否有破损、锈蚀等，必要时重新涂漆防腐。用抹布擦拭泡沫产生器外露表面，清洁外露表面的灰尘或其他污垢。

2. 吸气口检查与保养

检查泡沫产生器吸气口是否有杂物堵塞，如有堵塞应及时将杂物清理。

3. 密封玻璃检查与保养

对泡沫产生器的密封玻璃进行检查，查看是否有破损，如有损坏，应立即更换。

4. 填写记录

根据维护保养的实际情况，规范填写《建筑消防设施维护保养记录表》。

要点 048　保养泡沫比例混合装置

职业功能	工作内容	技能要求	相关知识要求	分项考点	分数	总分
3 设施保养	3.2 自动灭火系统保养	3.2.1能保养泡沫产生装置、泡沫比例混合装置、供泡沫液消防泵等	3.2.1泡沫灭火系统的维护保养内容和方法	1. 外观检查及保养	0.1	0.7
				2. 管件检查及保养	0.1	
				3. 安全阀检查及保养	0.1	
				4. 平衡阀检查及保养	0.1	
				5. 泡沫液泵检查及保养	0.1	
				6. 控制柜检查及保养	0.1	
				7. 填写记录	0.1	

一、操作准备

1. 技术资料

泡沫比例混合装置使用说明书、调试手册、图样等技术资料。

2. 常备工具

旋具、抹布等。

3. 实操设备

泡沫灭火演示系统。

4. 记录表格

《建筑消防设施维护保养记录表》。

二、操作程序

1. 外观检查及保养

对泡沫比例混合装置上的压力表、阀门、控制柜、泡沫液泵、电动机、管道及附件进行外观检查，应完好无损，必要时应对各部件添加润滑脂并进行防锈处理。用抹布擦拭泡沫比例混合装置各部件外露表面，清洁外露表面的灰尘或其他污垢。

2. 管件检查及保养

查看装置各个阀门、管件及连接处是否有松动、渗漏现象，对出现损坏的部件及时维修或更换。

3. 安全阀检查及保养

查看安全阀的定期校验记录，确保在校验周期内，必要时应立即安排校验。

4. 平衡阀检查及保养

检查平衡阀是否损坏，必要时应将平衡阀进行拆解。检查内部膜片是否损坏，如有损坏，及时更换。

5. 泡沫液泵检查及保养

手动检查泡沫液泵运转是否正常，必要时通过现场控制柜启动泡沫液泵，检查其运行是否正常。

6. 控制柜检查及保养

通过外观检查控制柜及各操作按钮、仪表是否正常，必要时启动试验，检查其运行是否正常。

7. 填写记录

根据维护保养的实际情况，规范填写《建筑消防设施维护保养记录表》。

要点 049　保养泡沫液泵

职业功能	工作内容	技能要求	相关知识要求	分项考点	分数	总分
3 设施保养	3.2 自动灭火系统保养	3.2.1能保养泡沫产生装置、泡沫比例混合装置、供泡沫液消防泵等	3.2.1泡沫灭火系统的维护保养内容和方法	1. 外观检查	0.1	0.3
				2. 联轴器检查		
				3. 润滑液检查	0.1	
				4. 填写记录	0.1	

一、操作准备

1. 技术资料

泡沫液泵使用说明书、调试手册、图样等技术资料。

2. 常备工具

旋具、抹布等。

3. 实操设备

泡沫灭火演示系统。

4. 记录表格

《建筑消防设施维护保养记录表》。

二、操作程序

1. 外观检查

对泡沫液泵进行外观检查，应无碰撞变形及其他损伤，表面应无锈蚀，保护涂层应完好，必要时重新涂漆防腐。用抹布擦拭泡沫液泵外露表面，清洁外露表面的灰尘或其他污垢。

2. 联轴器检查

检查泡沫液泵和驱动装置的联轴器是否正常，手动转动其应运转正常。

3. 润滑液检查

检查泡沫液泵的润滑液液位，液位应保持在观察孔的中间，必要时添加润滑液。每年更换一次润滑液。

4. 填写记录

根据维护保养的实际情况，规范填写《建筑消防设施维护保养记录表》。

要点 050　保养预作用报警装置

职业功能	工作内容	技能要求	相关知识要求	分项考点	分数	总分
3 设施保养	3.2 自动灭火系统保养	3.2.2能保养预作用报警阀装置、雨淋报警阀、空气维持装置、排气装置等	3.2.2 预作用、雨淋自动喷水灭火系统的维护保养内容和方法	1. 做好防误动措施	0.1	0.4
				2. 外观检查	0.1	
				3. 清洁保养	0.1	
				4. 填写记录	0.1	

一、操作准备

1. 技术资料

设备说明书、调试手册、图样等技术资料。

2. 常备工具

专用扳手、抹布等。

3. 实操设备

预作用自动喷水灭火演示系统。

4. 记录表格

《建筑消防设施维护保养记录表》。

二、操作步骤

1. 做好防误动措施

根据维护保养的需要，将设备处于手动状态，做好防止误动作的措施。

2. 外观检查

（1）检查报警阀组的标志牌是否完好、清晰，阀体上水流指示永久性标志是否易于观察，与水流方向是否一致。

（2）检查报警阀组组件是否齐全，表面有无裂纹、损伤等现象。

（3）检查报警阀组是否处于伺应状态，观察其组件有无漏水等情况。

（4）检查报警阀组设置场所的排水设施有无排水不畅或者积水等情况。

（5）检查预作用报警装置的火灾探测传动、液（气）动传动及其控制装置、现场手动控制装置的外观标志有无磨损、模糊等情况。

3. 清洁保养

（1）检查预作用报警阀组过滤器的使用性能，清洗过滤器并重新安装到位。

（2）检查主阀以及各个部件外观，及时清除污渍。

（3）检查主阀锈蚀情况，及时除锈，保证各部件连接处无渗漏现象，压力表读数准确，水力警铃动作灵活、声音洪亮，排水系统排水畅通。

4. 填写记录

根据维护保养的实际情况，规范填写《建筑消防设施维护保养记录表》。

要点 051　保养雨淋报警阀组

职业功能	工作内容	技能要求	相关知识要求	分项考点	分数	总分
3 设施保养	3.2 自动灭火系统保养	3.2.2能保养预作用报警阀装置、雨淋报警阀、空气维持装置、排气装置等	3.2.2 预作用、雨淋自动喷水灭火系统的维护保养内容和方法	1. 做好防误动措施	0.1	0.4
				2. 外观检查	0.1	
				3. 清洁保养	0.1	
				4. 填写记录	0.1	

一、操作准备

1. 技术资料

设备说明书、调试手册、图样等技术资料。

2. 常备工具

感烟探测器功能试验装置、专用扳手、抹布等。

3. 实操设备

雨淋自动喷水灭火演示系统。

4. 记录表格

《建筑消防设施维护保养记录表》。

二、操作步骤

1. 做好防误动措施

根据维护保养的需要，将设备处于手动状态，做好防止误动作

118

的措施。

2. 外观检查

（1）检查报警阀组的标志牌是否完好、清晰，阀体上水流指示永久性标识是否易于观察，与水流方向是否一致。

（2）检查报警阀组组件是否齐全，表面有无裂纹、损伤等现象。

（3）检查报警阀组是否处于伺应状态，观察其组件有无漏水等情况。

（4）检查报警阀组设置场所的排水设施有无排水不畅或者积水等情况。

3. 清洁保养

（1）检查雨淋报警阀组过滤器的使用性能，清洗过滤器并重新安装到位。

（2）检查主阀以及各个部件外观，及时清除污渍。

（3）检查主阀锈蚀情况，及时除锈，保证各部件连接处无渗漏现象，压力表读数准确，水力警铃动作灵活、声音洪亮，排水系统排水畅通。

4. 填写记录

根据维护保养的实际情况，规范填写《建筑消防设施维护保养记录表》。

要点 052　保养空气维持装置

职业功能	工作内容	技能要求	相关知识要求	分项考点	分数	总分
3 设施保养	3.2 自动灭火系统保养	3.2.2能保养预作用报警阀装置、雨淋报警阀、空气维持装置、排气装置等	3.2.2 预作用、雨淋自动喷水灭火系统的维护保养内容和方法	1. 外观检查	0.1	0.2
				2. 清洁保养		
				3. 填写记录	0.1	

一、操作准备

1. 技术资料

设备说明书、调试手册、图样等技术资料。

2. 常备工具

旋具、专用扳手、抹布等。

3. 实操设备

预作用自动喷水灭火演示系统。

4. 记录表格

《建筑消防设施维护保养记录表》。

二、操作步骤

1. 外观检查

检查预作用报警装置的充气设备及其控制装置的外观标志有无

磨损、模糊等情况，相关设备及其通用阀门是否处于工作状态。

2. 清洁保养

（1）检查空气压缩机空气滤清器，并将油池内积污清除，补充新的润滑油，必要时清洗过滤网。

（2）检查空气压缩机内排气通道、储气罐及排气管系统，并清除内部积灰及油污。

3. 填写记录

根据维护保养的实际情况，规范填写《建筑消防设施维护保养记录表》。

要点 053　保养排气装置

职业功能	工作内容	技能要求	相关知识要求	分项考点	分数	总分
3 设施保养	3.2 自动灭火系统保养	3.2.2 能保养预作用报警阀装置、雨淋报警阀、空气维持装置、排气装置等	3.2.2 预作用、雨淋自动喷水灭火系统的维护保养内容和方法	1. 外观检查	0.1	0.2
				2. 清洁保养		
				3. 填写记录	0.1	

一、操作准备

1. 技术资料

设备说明书、调试手册、图样等技术资料。

2. 常备工具

感烟探测器功能试验装置、专用扳手、抹布等。

3. 实操设备

预作用自动喷水灭火演示系统。

4. 记录表格

《建筑消防设施维护保养记录表》。

二、操作步骤

1. 外观检查

检查预作用报警装置的排气装置及其控制装置的外观标志有无

磨损、模糊等情况，相关设备及其通用阀门是否处于工作状态。

2. 清洁保养

1）检查排气阀排气孔是否堵塞，及时将排气孔清理干净。

2）检查电磁阀，及时清洗阀内外及衔铁吸合面的污物。

3. 填写记录

根据维护保养的实际情况，规范填写《建筑消防设施维护保养记录表》。

要点 054　保养气体灭火剂储存装置

职业功能	工作内容	技能要求	相关知识要求	分项考点	分数	总分
3 设施保养	3.2 自动灭火系统保养	3.2.3能保养气体灭火系统的灭火剂储存、启动、控制和防护区泄压等装置	3.2.3气体灭火系统的维护保养内容和方法	1. 做好防误动措施	0.1	0.2
				2. 外观检查		
				3. 清洁保养	0.1	
				4. 填写记录		

一、操作准备

1. 技术资料

设备说明书、图样、产品使用说明书和设计手册等技术资料。

2. 常备工具

旋具、钳子、万用表、清洁抹布等。

3. 防护装备

安全防护装备，如防砸鞋、安全帽、绝缘手套等。

4. 实操设备

组合分配型高压、低压二氧化碳灭火演示系统。

5. 记录表格

《建筑消防设施维护保养记录表》。

二、操作步骤

1. 做好防误动措施

根据维护保养的需要，将设备处于手动状态，做好拆除电磁阀连接线路等防止误动作的措施。

2. 外观检查

（1）观察、检查低压二氧化碳储存装置的运行情况、储存装置间的设备状态是否正常，并进行记录。

（2）观察、检查储存装置的所有设备、部件、支架等有无碰撞变形及其他损伤，表面有无锈蚀，保护涂层是否完好，铭牌和标志牌是否清晰，手动操作装置的防护罩、铅封和安全标志是否完整。

（3）观察、检查灭火剂单向阀、选择阀的流向指示箭头与灭火剂流向是否一致。

（4）手动检查储存装置及支架的安装是否牢固。

（5）灭火剂及增压气体泄漏情况检查及测量。

① 对照设计资料，检查低压二氧化碳灭火系统储存装置、外储压式七氟丙烷灭火系统储存装置的液位计示值是否满足设计要求，灭火剂损失 10％时应及时补充。

② 检测高压二氧化碳储存容器的称重装置，泄漏量超过 10％时，称重装置应该报警，否则应进行检修。

③ 观察 IG541、七氟丙烷等卤代烷灭火系统灭火剂储瓶的压力显示，压力损失 10％时，应进行检修。部分压力表直接连通储瓶，可直接观察压力值；部分压力表需要开启压力表底座上的连通阀门才能连通储瓶，观察前先打开连通阀门，观察后关闭阀门；部分产品直接采用压力传感器测量，电子屏幕直接读取压力值。

④ 按储存容器全数（不足 5 个的按 5 个计）的 20％，拆下七氟丙烷等卤代烷灭火系统储存容器进行称重检测。灭火剂损失超过 10％时，应进行检修。

建议：检测到 1 瓶灭火剂损失超标时，进行全数称重检测。

3. 清洁保养

（1）所有设备清洁、除尘。

（2）除压力容器外，金属部件表面有轻微锈蚀情况的，进行除锈和防腐处理。

（3）金属螺纹连接处，选择阀手柄、压臂与阀体的连接处，选择阀气动活塞、主活塞处，均注润滑剂。

4. 填写记录

根据维护保养的实际情况，规范填写《建筑消防设施维护保养记录表》。

要点 055　保养气体灭火系统启动、控制装置

职业功能	工作内容	技能要求	相关知识要求	分项考点	分数	总分
3 设施保养	3.2 自动灭火系统保养	3.2.3能保养气体灭火系统的灭火剂储存、启动、控制和防护区泄压等装置	3.2.3气体灭火系统的维护保养内容和方法	1. 做好防误动措施	0.1	0.2
				2. 外观检查		
				3. 清洁保养	0.1	
				4. 填写记录		

一、操作准备

1. 技术资料
设备说明书、图样、产品使用说明书和设计手册等技术资料。

2. 常备工具
旋具、钳子、万用表、清洁抹布等。

3. 防护装备
安全防护装备，如防砸鞋、安全帽、绝缘手套等。

4. 实操设备
组合分配型七氟丙烷气体灭火演示系统。

5. 记录表格
《建筑消防设施维护保养记录表》。

二、操作步骤

1. 做好防误动措施

根据维护保养的需要，将设备处于手动状态，做好拆除电磁阀连接线路等防止误动作的措施。

2. 外观检查

（1）观察、检查控制装置的运行情况，观察灭火控制器显示状态是否正常，并进行记录。

（2）观察、检查启动、控制装置的所有设备、部件、支架等有无碰撞变形及其他损伤，表面有无锈蚀，保护涂层是否完好，铭牌和标志牌是否清晰，手动操作装置的防护罩、铅封和安全标志是否完整。

（3）观察、检查气单向阀的流向指示箭头与要求的气体流向是否一致。

（4）观察、检查驱动气体储存装置安全阀的泄压方向是否朝向操作面。

（5）对照竣工图样，观察、检查启动、控制装置的安装是否与图样一致。

（6）手动检查启动装置及支架的安装是否牢固、控制装置各部件的安装是否牢固。

（7）驱动气体泄漏情况检查。观察、检查驱动气体储存装置的压力显示是否在压力表绿色区域。

3. 清洁保养

（1）所有设备清洁、除尘。

（2）除压力容器外，金属部件表面有轻微锈蚀情况的，进行除锈和防腐处理。

（3）金属螺纹连接处以及电磁驱动器应急操作的阀杆处注润滑剂。

4. 填写记录

根据维护保养的实际情况，规范填写《建筑消防设施维护保养记录表》。

要点 056　保养防护区泄压装置

职业功能	工作内容	技能要求	相关知识要求	分项考点	分数	总分
3 设施保养	3.2 自动灭火系统保养	3.2.3能保养气体灭火系统的灭火剂储存、启动、控制和防护区泄压等装置	3.2.3气体灭火系统的维护保养内容和方法	1. 外观检查	0.1	0.2
				2. 清洁保养		
				3. 填写记录	0.1	

一、操作准备

1. 技术资料

设备说明书、图样、产品使用说明书和设计手册等技术资料。

2. 常备工具

旋具、钳子、万用表、清洁抹布等。

3. 防护装备

安全防护装备，如防砸鞋、安全帽、绝缘手套等。

4. 实操设备

组合分配型烟烙尽气体灭火演示模型。

5. 记录表格

《建筑消防设施维护保养记录表》。

二、操作步骤

1. 外观检查

（1）观察、检查防护区泄压装置有无碰撞变形及其他损伤，表面有无锈，保护涂层是否完好，铭牌和标志牌是否清晰。

（2）对照竣工图，观察、检查防护区泄压装置设置位置是否符合设计要求。

（3）手动检查防护区泄压装置的安装是否牢固。

2. 清洁保养

（1）清洁、除尘。

（2）金属部件表面有轻微锈蚀情况的，应进行除锈和防腐处理。

（3）固定部件与活动组件的连接处注润滑剂。

3. 填写记录

根据维护保养的实际情况，规范填写《建筑消防设施维护保养记录表》。

要点 057　保养自动跟踪定位射流灭火系统

职业功能	工作内容	技能要求	相关知识要求	分项考点	分数	总分
3 设施保养	3.2 自动灭火系统保养	3.2.4能保养自动跟踪定位射流装置及其控制装置	3.2.4自动跟踪定位射流灭火系统的维护保养内容和方法	1. 保养灭火装置	0.1	0.4
				2. 保养探测装置		
				3. 保养控制装置	0.1	
				4. 保养电气线路		
				5. 保养供水设施及管网	0.1	
				6. 填写记录	0.1	

一、操作准备

1. 技术资料

自动跟踪定位射流灭火系统图、系统组件现场布置图和地址编码表、自动跟踪定位射流灭火系统产品使用说明书和设计手册等技术资料。

2. 常备工具和材料

旋具、钳子、万用表、绝缘胶带、润滑油脂等。

3. 防护装备

安全防护装备，如安全带、防砸鞋、安全帽、绝缘手套等。

4. 实操设备

自动跟踪定位射流灭火演示系统。

5. 记录表格

《建筑消防设施维护保养记录表》。

二、操作步骤

1. 保养灭火装置

自动跟踪定位射流灭火系统的灭火装置，包括自动消防炮、喷射型自动射流灭火装置、喷洒型自动射流灭火装置。其保养方法及操作流程如下：

（1）检查灭火装置安装固定是否牢固。

（2）为灭火装置运动机构添加润滑油。

（3）通过控制主机远程操作检查灭火装置上、下、左、右的直流/喷雾动作是否正常。

（4）通过现场控制箱操作检查灭火装置上、下、左、右的直流/喷雾动作是否正常。

（5）通过操作灭火装置运动，检查各方位的行程速度，若有卡阻、迟缓等现象，应进行检修。

（6）检查灭火装置的运动极限定位是否符合要求，若不符合，应进行调整。

（7）检查灭火装置流道及出口是否有异物堵塞，若有异物，应进行清除，确保射流畅通。

2. 保养探测装置

自动跟踪定位射流灭火系统的探测装置，主要有图像型火灾探测器、红紫外复合探测器。其保养方法及操作流程如下：

（1）检查探测器安装是否牢固，以免探测范围、探测灵敏度发生变化。

（2）检查探测器的接线是否整齐、牢固。

（3）通过控制主机操作界面、监视器，检查可见视频、红外视频图像信号是否正常，是否存在图像干扰、抖动。

（4）检查可见视频图像的清晰度，若不清晰，应清洗或调修探测器。

（5）利用火源测试探测器观察火源在红外视频图像中成像的清晰度，若不清晰，应清洗或调修探测器。

（6）利用火源测试探测器检查探测器灵敏度阈值是否正常。

（7）开启控制装置系统巡检模式，利用火源测试探测器检查探测器火源信号输出功能是否正常。

3. 保养控制装置

自动跟踪定位射流灭火系统控制装置包括控制主机、硬盘录像机、矩阵切换器、监视器、UPS电源、现场控制箱、信号处理器、消防水泵控制柜等。其保养方法及操作流程如下：

（1）控制主机

① 控制主机清洁、除尘。

② 检查安装是否牢固。

③ 检查电源、通信、控制、视频接线是否紧固。

④ 检查电源是否正常。

⑤ 检查测试自检功能是否正常。

⑥ 检查系统软件运行是否正常、参数设置是否正确。

⑦ 操作检查远程启动消防水泵功能是否正常，检查自动控制阀开启、关闭的控制功能是否正常。

⑧ 检查消防水泵、灭火装置、自动控制阀、信号阀、水流指示器等的状态显示功能是否正常。

⑨ 检查模拟末端试水装置的系统启动功能。

⑩ 进行系统灭火功能测试。使控制主机处于自动状态下，模拟输入火警信号，检查控制装置能否自动启动消防水泵，打开自动控制阀，启动系统射流灭火，并应同时启动声、光警报器和其他联动设备。

⑪ 检查火灾现场视频实时监控和记录功能是否正常。

（2）硬盘录像机

① 检查录像机对图像型火灾探测器可见视频的录像功能。

② 检查录像查询及回放功能。

③ 校对录像时间。

（3）矩阵切换器

① 通过矩阵切换器键盘切换监视器上的视频图像。

② 利用火源测试图像型火灾探测器观察监视器是否显示报警探测器的视频图像。

③ 校对矩阵时间。

④ 检查参数设置是否正确。

⑤ 检查矩阵切换器键盘按键是否灵敏。

⑥ 检查电源、通信、视频接线是否紧固。

（4）监视器

① 检查画面显示是否正常。

② 检查电源、视频接线是否紧固。

（5）UPS 电源

① 检测市电输入是否正常。

② 检测 UPS 电源输出是否正常。

③ 检测蓄电池组供电是否正常，测量供电电压是否正常。

④ 测试市电切断后 UPS 逆变供电是否正常。

⑤ 检查 UPS 电源主机负载是否正常、有无故障显示。

⑥ 检查 UPS 电源主机风扇是否全部正常运转。

⑦ 对 UPS 电源进行充放电试验。

（6）现场控制箱

① 现场控制箱清洁、除尘。

② 检查安装是否牢固。

③ 检查电源、通信接线是否紧固。

④ 检查现场控制箱钥匙锁（或密码锁）是否正常。

⑤ 操作检查远程启动消防水泵功能是否正常，检查自动控制阀开启、关闭的控制功能是否正常。

⑥ 检查消防水泵、自动控制阀和水流指示器的状态显示功能是否正常。

⑦ 测试现场手动控制和消防控制室手动控制的切换功能是否

正常。

4. 保养电气线路

系统电气线路包括电源线、控制线、通信线、视频线等。电气线路的保养方法及操作流程如下：

（1）检查线路接头，对锈蚀、老化、损坏的接头进行更换。

（2）检查接线端子，对松动的端子进行紧固，对锈蚀、老化、损坏的端子进行更换。

（3）排查线路是否存在短路、断路现象。

（4）检查图像信号是否存在干扰，找到干扰因素进行排除。

（5）整理杂乱线路，修复故障线路。

（6）对无标志或标志不清的线路进行标志，制作线路标签。

5. 保养供水设施及管网

（1）检查系统供水管网内的水压是否正常。

（2）检查消防储水设施、设备水位是否正常；在寒冷季节，检查是否有结冰。

（3）检查消防水泵自动巡检运转情况是否正常。

（4）检查消防水泵启动运转情况是否正常。

（5）检查气压稳压装置工作状态是否正常。

（6）检查所有阀门开闭状态是否正常。

（7）检查管道、附件的外观及标志是否正确。

（8）检查模拟末端试水装置出水和压力是否正常。

（9）测试消防水泵出水流量和压力是否正常，消防水泵启动、主备泵切换是否正常。

（10）检查管道和支吊架是否松动，管道连接件是否变形、老化或有裂纹。

（11）检查水泵接合器是否完好。

（12）检查和清洗消防储水设施、过滤器。

6. 填写记录

根据维护保养的实际情况，规范填写《建筑消防设施维护保养记录表》。

要点 058　保养固定消防炮灭火系统

职业功能	工作内容	技能要求	相关知识要求	分项考点	分数	总分
3 设施保养	3.2 自动灭火系统保养	3.2.5能保养固定消防炮及其控制装置	3.2.5固定消防炮灭火系统的维护保养内容和方法	1. 保养消防炮	0.1	0.7
				2. 保养控制装置	0.1	
				3. 保养电气线路	0.1	
				4. 保养供水设施及管网	0.1	
				5. 保养泡沫罐和泡沫比例混合装置	0.1	
				6. 保养干粉罐和氮气瓶组	0.1	
				7. 填写记录	0.1	

一、操作准备

1. 技术资料

固定消防炮灭火系统图、系统组件现场布置图和地址编码表，固定消防炮灭火系统产品使用说明书和设计手册等技术资料。

2. 常备工具和材料

旋具、钳子、万用表、绝缘胶带、润滑油脂等。

3. 防护装备

安全防护装备，如安全带、防砸鞋、安全帽、绝缘手套等。

4. 实操设备

固定消防炮灭火演示系统。

5. 记录表格

《建筑消防设施维护保养记录表》。

二、操作步骤

1. 保养消防炮

固定消防炮灭火系统的消防炮，包括消防水炮、消防泡沫炮、消防干粉炮。其保养方法及操作流程如下：

（1）检查消防炮及附件外观是否完好。

（2）检查消防炮安装固定是否牢固、消防炮体连接件及法兰螺丝是否紧固。

（3）检查消防炮电气接线是否正常、有无破损。

（4）消防炮运动机构加注润滑油。

（5）手动操作消防炮上、下、左、右的直流/喷雾动作是否正常，检查各方位的行程速度，若有卡阻、迟缓等现象，应进行检修。

（6）检查消防炮的运动极限定位是否正常，若不正常，应进行调整。

（7）通过控制主机远程操作检查消防炮上、下、左、右的直流/喷雾动作是否正常。

（8）通过现场控制箱操作检查消防炮上、下、左、右的直流/喷雾动作是否正常。

（9）通过无线遥控器操作检查消防炮上、下、左、右的直流/喷雾动作是否正常。

2. 保养控制装置

固定消防炮灭火系统控制装置包括控制主机、现场控制箱、无线遥控器、消防水泵控制柜等。其保养方法及操作流程如下。

（1）控制主机

① 控制主机清洁、除尘。

② 检查安装是否牢固。

③ 检查电源、通信、控制接线是否紧固。

④ 检查电源是否正常。

⑤ 检查按钮、按键、指示灯状态是否正常。

⑥ 操作检查远程启动消防水泵功能是否正常，检查控制阀开启、关闭的控制功能是否正常。

⑦ 检查消防水泵、消防炮、控制阀等的状态显示功能是否正常。

（2）现场控制箱

① 现场控制箱清洁、除尘。

② 检查安装是否牢固。

③ 检查电源、通信接线是否紧固。

④ 检查现场控制箱钥匙锁（或密码锁）是否正常。

⑤ 操作检查远程启动消防水泵功能是否正常，检查控制阀开启、关闭的控制功能是否正常。

⑥ 检查消防水泵和控制阀的状态显示功能是否正常。

⑦ 测试现场手动控制和消防控制室手动控制的切换功能是否正常。

（3）无线遥控器

① 检查无线遥控器钥匙锁是否正常。

② 检查电池是否正常。

③ 操作检查消防炮选择功能是否正常，例如选择 1 号炮塔消防水炮进行操作。

④ 操作检查消防炮水平、俯仰回转动作和射流状态转换的控制功能是否正常。

⑤ 操作检查控制阀开启、关闭的控制功能是否正常，检查阀门开极限、关极限的状态反馈是否正常。

3. 保养电气线路

系统电气线路包括电源线、控制线、通信线等。电气线路的保养方法及操作流程如下：

（1）检查线路接头，对锈蚀、老化、损坏的接头进行更换。

（2）检查接线端子，对松动的端子进行紧固，对锈蚀、老化、损坏的端子进行更换。

（3）排查线路是否存在短路、断路现象。

（4）整理杂乱线路，修复故障线路。

（5）对无标志或标志不清的线路进行标志，制作线路标签。

4. 保养供水设施及管网

（1）检查系统供水管网内的水压是否正常。

（2）检查消防储水设施、设备水位是否正常；在寒冷季节，检查是否有结冰。

（3）检查消防水泵自动巡检运转情况是否正常。

（4）检查消防水泵启动运转情况是否正常。

（5）检查气压稳压装置工作状态是否正常。

（6）检查所有阀门开闭状态是否正常。

（7）检查管道、附件的外观及标志是否正确。

（8）测试消防水泵出水流量和压力是否正常，消防水泵启动、主备泵切换是否正常。

（9）检查管道和支吊架是否松动，管道连接件是否变形、老化或有裂纹。

（10）检查和清洗消防储水设施、过滤器。

（11）定期冲洗管道、清除锈渣，并进行涂漆处理。

5. 保养泡沫罐和泡沫比例混合装置

（1）检查外观是否正常。

（2）检查安装固定是否牢固、管路连接是否紧固。

（3）检查泡沫罐液位是否正常。

（4）检查泡沫罐内泡沫灭火剂是否在有效期内。

6. 保养干粉罐和氮气瓶组

（1）检查外观是否正常。

（2）检查安装固定是否牢固、管路连接是否紧固。

（3）检查氮气瓶的储压是否正常，正常值为不小于设计压力的 90%。

（4）检查干粉罐内干粉灭火剂是否在有效期内。

7. 填写记录

根据维护保养的实际情况，规范填写《建筑消防设施维护保养记录表》。

要点 059 保养水喷雾灭火系统

职业功能	工作内容	技能要求	相关知识要求	分项考点	分数	总分
3 设施保养	3.2 自动灭火系统灭火系统保养	3.2.6 能保养水喷雾灭火系统组件	3.2.6 水喷雾灭火系统的维护保养内容和方法	1. 做好防误动措施	0.1	0.4
				2. 外观检查	0.1	
				3. 清洁保养	0.1	
				4. 填写保养记录	0.1	

一、操作准备

1. 技术资料

水喷雾灭火系统图、水喷雾灭火控制器产品使用说明书和设计手册等技术资料。

2. 常备工具

通用扳手、水雾喷头专用扳手、旋具、刷子、钳子、万用表、绝缘胶带、高压冲洗设备（用于清洗雨淋阀、过滤器和喷头，压力≥0.5MPa）等。

3. 防护装备

安全防护装备，如防砸鞋、安全帽、绝缘手套等。

4. 实操设备

水喷雾自动灭火演示系统。

5. 记录表格

《消防控制室值班记录表》《建筑消防设施维护保养记录表》。

二、操作步骤

1. 做好防误动措施

根据维护保养的需要，将设备处于手动状态，做好防止误动作的措施。

2. 外观检查

（1）检查雨淋阀组的电磁阀、过滤器等组件，应完好，无漏水、锈蚀等情况。

（2）检查控制阀门均应采用铅封或锁链固定在开启或规定的状态。

（3）检查水雾喷头的备件，应能满足要求；检查水雾喷头周围，应无遮挡。

3. 清洁保养

（1）喷头上有异物时应及时清除。

（2）对雨淋阀密封圈、过滤器进行清洁保养。

4. 填写保养记录

根据维护保养的实际情况，规范填写《消防控制室值班记录表》《建筑消防设施维护保养记录表》。

要点 060　保养细水雾灭火系统

职业功能	工作内容	技能要求	相关知识要求	分项考点	分数	总分
3 设施保养	3.2 自动灭火系统保养	3.2.7能保养细水雾灭火系统组件	3.2.7细水雾灭火系统的维护保养内容和方法	1. 做好防误动措施	0.1	0.4
				2. 检查	0.1	
				3. 清洁保养	0.1	
				4. 填写记录	0.1	

一、操作准备

1. 技术资料

产品使用说明书和维护保养手册等技术资料。

2. 常备工具

通用扳手、细水雾喷头专用扳手、旋具、刷子、钳子、万用表、绝缘胶带、高压冲洗设备（用于清洗阀门和喷头，压力≥0.5MPa）、温度计、万用表、兆欧表等。

3. 防护装备

安全防护装备，如防砸鞋、安全帽、绝缘手套等。

4. 实操设备

泵组式或瓶组式细水雾灭火演示系统。

5. 记录表格

《建筑消防设施维护保养记录表》。

二、操作步骤

1. 做好防误动措施

根据维护保养的需要，将控制系统和灭火设备设置在手动状态，做好防止误动作的措施。

2. 检查

（1）使用万用表、兆欧表检查系统的消防水泵、稳压泵等用电设备配电控制柜，观察其电压、电流监测是否正常；检查系统监控设备供电是否正常，系统中的电磁阀、模块等用电元器件是否通电正常。

（2）直观检查高压泵组电机有无发热现象；检查稳压泵是否频繁启动；检查水泵控制柜（盘）控制面板及显示信号状态是否正常；检查泵组连接管道有无渗漏滴水现象；检查主出水阀是否处于打开状态；检查水泵启动控制和主备泵切换控制是否设置在"自动"位置。

（3）直观检查分区控制阀（组）等各种阀门的标志牌是否完好、清晰；检查分区控制阀上设置的对应于防护区或保护对象的永久性标志是否易于观察；检查阀体上水流指示永久性标志是否易于观察，与水流方向是否一致；检查分区控制阀组的各组件是否齐全、有无损伤、有无漏水等情况；检查各阀门是否处于常态位置。

（4）直观检查储气瓶、储水瓶和储水箱的外观是否有明显磕碰伤痕或损坏；检查储气瓶、储水瓶等的压力显示装置是否状态正常；检查储水箱的液位显示装置等是否正常工作；寒冷和严寒地区检查设置储水设备的房间温度是否低于5℃。

（5）直观检查释放指示灯、报警控制器等是否处于正常状态；检查喷头外观有无明显磕碰伤痕或者损坏，有无喷头漏水或者被拆除、遮挡等情况。

（6）直观检查系统手动启动装置和机械应急操作装置上的标志是否正确、清晰、完整，是否处于正确位置，是否与其所保护场所明确对应；检查设置系统的场所及系统手动操作位置处是否设有明显的系统操作说明。

（7）对闭式系统末端试水装置进行保养，其方法和要求参见湿式自动喷水灭火系统的末端试水装置。

（8）直观检查防护区的使用性质是否发生变化；检查防护区内是否有影响喷头正常使用的吊顶装修；检查防护区内可燃物的数量及布置形式是否有重大变化。

3. 清洁保养

（1）喷头上有异物时应及时清除。

（2）对阀门密封圈、泵前泵后及喷头的过滤器进行清洁保养。

（3）对开式分区控制阀后的管道进行吹扫。

（4）定期清洗水箱，并按照设计要求换水。

4. 填写记录

根据实际情况，规范填写《建筑消防设施维护保养记录表》。

要点 061　保养干粉灭火系统

职业功能	工作内容	技能要求	相关知识要求	分项考点	分数	总分
3 设施保养	3.2 自动灭火系统保养	3.2.8能保养干粉灭火系统组件	3.2.8 干粉灭火系统的维护保养内容和方法	1. 干粉储存容器保养	0.1	0.8
				2. 驱动气体储瓶保养	0.1	
				3. 集流管、驱动气体管道和减压阀的保养	0.1	
				4. 阀驱动装置保养	0.1	
				5. 管道保养	0.1	
				6. 喷头保养	0.1	
				7. 启动气体储瓶和选择阀的保养	0.1	
				8. 填写记录	0.1	

一、操作准备

1. 技术资料

产品使用说明书、调试手册、图样等技术资料。

2. 常备工具

压力表、检查扳手、旋具、钳子、万用表、绝缘胶带等。

146

3. 实操设备

干粉灭火演示系统。

4. 记录表格

《建筑消防设施维护保养记录表》。

二、操作步骤

1. 干粉储存容器保养

（1）检查干粉储存容器的位置与固定方式、油漆和标志等的安装质量是否符合设计要求。如果位置有偏差或者固定方式有问题，应及时用工具调整、紧固。油漆和标志若有缺损，应用油漆补上。检查干粉罐上的安全阀、进气阀、出口阀等动作是否灵活。

若发现干粉储罐上有明显的腐蚀点，应进行水压强度试验。试验完毕，经干燥后方能装粉。

（2）打开干粉储罐的装粉孔，检查干粉质量，若发现干粉灭火剂受潮、变质或结块，应更换新的同类干粉灭火剂。同时取样品送交检验单位进行性能检查，符合规定要求方可继续使用。

2. 驱动气体储瓶保养

检查驱动气体储瓶的位置与固定方式是否正常；检查气瓶的压力数值是否在规定的压力范围内。

驱动气瓶组内压力检查步骤如下：

（1）检查压力表开关是否关闭。

（2）卸下压力表，泄放压力表密封腔内的压力。

（3）此时压力表应归零，否则应更换压力表。

（4）装上压力表，打开压力表开关，显示正确的压力。

（5）安装调试完毕，应旋紧压紧螺母，关闭压力表开关。

3. 集流管、驱动气体管道和减压阀的保养

（1）查看框架牢固程度及防腐处理程度，如固定不牢，及时用工具调整、紧固，防腐处理不当则需及时补充防腐工序。

（2）检查集流管和减压阀的连接是否固定可靠；查看集流管和驱动气体管道是否有移位、损坏、腐蚀现象。如固定不牢，及时用工具调整、紧固；有损坏则更换；防腐处理不当，则需及时补充防腐工序。

（3）检查减压阀的压力显示装置位置是否便于人员观察，如有反向或者不便于人员观察情况，应及时调整。

（4）检查安全防护装置的泄压方向是否朝向操作面，如不朝向操作面，应及时调整。

4. 阀驱动装置保养

（1）检查气动阀驱动装置的启动气体储瓶上是否永久性标明对应防护区或保护对象的名称或编号。如标号缺失、标注不明，应及时、准确标注。

（2）检查拉索式机械阀驱动装置的防护钢管是否锈蚀、拉索转弯处的导向滑轮是否灵活好用、拉索末端拉手的保护盒是否正常。如发现拉索套管和保护盒固定不牢，及时用工具调整、紧固；有损坏则更换；防腐处理不当，则需及时补充防腐工序。

5. 管道保养

检查干粉管路有无位移、损坏和腐蚀现象，如固定不牢，及时用工具调整、紧固，应及时修复腐蚀管路。检查油漆颜色是否正常，如油漆脱落则用红色油漆涂覆管道。若发现干粉输送管有积水应放出，并将管内用干燥空气吹干。

6. 喷头保养

（1）检查喷嘴安装位置和方向是否正确、喷嘴的密封盖是否密封良好。

（2）如果系统附有干粉卷车，要检查卷筒转动是否灵活。操作干粉喷枪，检查开闭动作是否正常。

7. 启动气体储瓶和选择阀保养

（1）检查选择阀有无位移、松动，如有位移及固定不牢，及时用工具调整、紧固。

（2）检查选择阀处标明对应防护区或保护对象名称的标志。如标志缺失、标注不明，应及时、准确重新标注。

（3）检查选择阀安全销的铅封是否正常，如安全销和铅封缺失，应及时补充恢复。

8. 填写记录

根据实际情况，规范填写《建筑消防设施维护保养记录表》。

要点 062　保养柴油发电机组储油箱

职业功能	工作内容	技能要求	相关知识要求	分项考点	分数	总分
3 设施保养	3.3 其他消防设施保养	3.3.1能保养柴油发电机组储油箱、充放电装置、通风排气管路等	3.3.1柴油发电机组的维护保养内容和方法	1. 外部基础情况检查维护	0.1	0.2
				2. 燃油供给检查维护		
				3. 填写记录	0.1	

一、操作准备

1. 技术资料

柴油发电机组各设施、设备说明书，调试手册，图样等技术资料。

2. 常备工具

温度计、干净的软布及其他常规工具。

3. 作业许可

按照设备所属单位相关管理规定，申请柴油发电机组保养作业许可。

4. 安全警示

设备操作现场应设立明显的作业警示标志，避免火源。

5. 实操设备

柴油发电机组演示模型。

6. 记录表格

二、操作步骤

1. 外部基础情况检查维护

（1）核对柴油发电机组储油箱各项要求，根据图样核对柴油发电机组储油箱的安装、配置。

（2）观察温度计温度指示，对比室内气温是否低于发电机组启动最低环境温度，如低于启动最低环境温度，应开启电加热器，对机器进行预热。

（3）检查油箱外观是否完好，如有变形或泄漏，应及时处理。

（4）清理油箱周边杂物、油箱和供油、回油管路附着物。

（5）清洁油箱液位计外部，确保液位计标位显示清晰。

（6）检查供油、回油管路是否完好，如有跑冒滴漏，应立即维修。

2. 燃油供给检查维护

（1）检查油箱加油口的油箱盖，应盖好锁紧。

（2）检查油箱内燃油是否与当前环境所需燃油的标号一致。

（3）检查油箱油位，如油位低于规定值，应补充至正常位置。

（4）检查燃油供油阀应常开。

（5）按照设备厂家技术资料规定定期对燃油箱进行沉淀物或油箱清理。

3. 填写记录

根据实际作业情况，规范填写相关记录表单。

要点 063　保养柴油发电机组充放电装置

职业功能	工作内容	技能要求	相关知识要求	分项考点	分数	总分
3 设施保养	3.3 其他消防设施保养	3.3.1能保养柴油发电机组储油箱、充放电装置、通风排气管路等	3.3.1柴油发电机组的维护保养内容和方法	1. 外部基础情况检查维护	0.1	0.2
				2. 功能性检查维护		
				3. 记录填报	0.1	

一、操作准备

1. 技术资料

柴油发电机组各设施、设备说明书，调试手册，图样等技术资料。

2. 常备工具

数字万用表、钳形电流表、毛刷等。

3. 作业许可

按照设备所属单位相关管理规定，申请柴油发电机组保养作业许可。

4. 安全警示

设备操作现场应设立明显的作业警示标志，避免火源。

5. 实操设备

柴油发电机组演示模型。

二、操作步骤

1. 外部基础情况检查维护

（1）检查外观是否完好、标志是否完好并清晰。

（2）检查散热口是否有异物或遮挡，如有应及时清理。

（3）检查内部的接线及配套附件是否完好，无断路、脱落，如有脱落或松动，应及时修。

4）检查接地保护是否完好，如有脱落或松动，应及时维修。

2. 功能性检查维护

（1）在发电机组停机状态，先检查启动柴油机的蓄电池组是否达到启动电压，再检查充放电装置的充电输出电压、电流是否与规定值相符。

（2）手动启动发电机组，检查启动柴油机的蓄电池组电压，同时检查充放电装置的充电输出电压、电流是否与规定值相符。

3. 记录填报

根据实际作业情况，规范填写相关记录表单。

要点 064　保养柴油发电机组通风排气管路

职业功能	工作内容	技能要求	相关知识要求	分项考点	分数	总分
3 设施保养	3.3 其他消防设施保养	3.3.1能保养柴油发电机组储油箱、充放电装置、通风排气管路等	3.3.1柴油发电机组的维护保养内容和方法	1. 外部基础情况检查维护	0.1	0.2
				2. 功能性检查维护		
				3. 记录填报	0.1	

一、操作准备

1. 技术资料

柴油发电机组各设施、设备说明书，调试手册，图样等技术资料。

2. 常备工具

毛刷等。

3. 作业许可

按照设备所属单位相关管理规定，申请柴油发电机组保养作业许可。

4. 安全警示

设备操作现场应设立明显的作业警示标志，避免火源。

5. 实操设备

柴油发电机组演示模型。

二、操作步骤

1. 外部基础情况检查维护

（1）检查设备及周围有无妨碍运转和通风的杂物，如有应及时清理。

（2）检查通风管路或通风口有无遮挡和杂物，如有应进行清理。

（3）检查散热器出风侧及出风口有无遮挡和杂物，如有应进行清理。

（4）检查排烟管道连接是否牢固、排烟管道室外的排烟口有无遮挡和杂物，如有应进行清理。

2. 功能性检查维护

（1）检查散热器水位，如水位低于规定值，应补充至正常位置。

（2）检查散热器循环水阀应常开。

（3）手动启动发电机组，检查通风排烟管路状态，机组应稳定运行，通风、排烟管路无明显晃动和堵塞，如有状态不符，应立即停机检修。

3. 记录填报

根据实际作业情况，规范填写相关记录表单。

要点 065　保养电气火灾监控设备

职业功能	工作内容	技能要求	相关知识要求	分项考点	分数	总分
3 设施保养	3.3 其他消防设施保养	3.3.2能保养电气火灾监控设备、剩余电流式电气火灾监控探测器、测温式电气火灾监控探测器、故障电弧探测器等	3.3.2电气火灾监控系统的维护保养内容和方法	1. 外观保养	0.1	0.2
				2. 清洁保养		
				3. 填写记录	0.1	

一、操作准备

1. 技术资料

电气火灾监控系统图、电气火灾监控探测器等系统部件现场布置图和地址编码表、电气火灾监控设备产品使用说明书和设计手册等技术资料。

2. 常备工具

旋具、吸尘器、软布等。

3. 实操设备

电气火灾监控演示系统。

4. 记录表格

《建筑消防设施维护保养记录表》《建筑消防设施故障维护记录表》。

二、操作步骤

1. 外观保养

在日常保养过程中，可以通过外观查看电气火灾监控设备的使用情况和运行状态。

（1）目测电气火灾监控设备表面是否存在明显的机械损伤、人机界面是否整洁，如有污损应记录并上报维修。

（2）目测电气火灾监控设备的显示及指示系统是否有按键破损、显示器花屏、指示灯无规则闪烁等明显故障。

2. 清洁保养

（1）使用软布将电气火灾监控设备外壳擦拭一遍，以清除污垢及灰尘。

（2）断电后，打开电气火灾监控设备外壳，使用风枪和小毛刷将设备内部进行一遍除尘操作。

（3）断电后，检查内部接线线路是否出现露铜、接线不牢靠等现象。

3. 填写记录

根据检查结果，规范填写《建筑消防设施维护保养记录表》；如发现设备存在故障，还应规范填写《建筑消防设施故障维修记录表》。

要点 066　保养剩余电流式电气火灾监控探测器

职业功能	工作内容	技能要求	相关知识要求	分项考点	分数	总分
3 设施保养	3.3 其他消防设施保养	3.3.2能保养电气火灾监控设备、剩余电流式电气火灾监控探测器、测温式电气火灾监控探测器、故障电弧探测器等	3.3.2电气火灾监控系统的维护保养内容和方法	1. 运行环境保养	0.1	0.4
				2. 外观保养	0.1	
				3. 线路检查	0.1	
				4. 填写记录	0.1	

一、操作准备

1. 技术资料

电气火灾监控系统图、电气火灾监控探测器等系统部件现场布置图和地址编码表、电气火灾监控设备产品使用说明书和设计手册等技术资料。

2. 常备工具

旋具、吹尘器、软布等。

3. 实操设备

电气火灾监控演示系统。

4. 记录表格

《建筑消防设施维护保养记录表》。

二、操作步骤

1. 运行环境保养

（1）剩余电流式电气火灾监控探测器安装位置应干燥、清洁，远离热源及强电磁场。

（2）剩余电流式电气火灾监控探测器应固定安装，使其避免油、污物、灰尘、腐蚀性气体或其他有害物质的侵袭。

2. 外观保养

（1）目测探测器表面是否存在明显的机械损伤，如有应上报维修。

（2）目测探测器的显示及指示系统是否有显示器花屏、指示灯无规则闪烁等明显故障，如有应上报维修。

3. 线路检查

检查线路接头和端子处是否有松动、虚接或脱落发生；检查敷设管线是否有破碎，桥架是否有脱落和变形发生。

4. 填写记录

根据检查结果，规范填写《建筑消防设施维护保养记录表》；如发现探测器存在故障，还应规范填写《建筑消防设施故障维修记录表》。

要点 067　保养测温式电气火灾
监控探测器

职业功能	工作内容	技能要求	相关知识要求	分项考点	分数	总分
3 设施保养	3.3 其他消防设施保养	3.3.2能保养电气火灾监控设备、剩余电流式电气火灾监控探测器、测温式电气火灾监控探测器、故障电弧探测器等	3.3.2电气火灾监控系统的维护保养内容和方法	1. 运行环境保养	0.1	0.4
				2. 外观保养	0.1	
				3. 线路检查	0.1	
				4. 填写记录	0.1	

一、操作准备

1. 技术资料

电气火灾监控系统图、电气火灾监控探测器等系统部件现场布置图和地址编码表、电气火灾监控设备产品使用说明书和设计手册等技术资料。

2. 常备工具

旋具、吹尘器、软布等。

3. 实操设备

电气火灾监控演示系统。

4. 记录表格

《建筑消防设施维护保养记录表》。

二、操作步骤

1. 运行环境保养

（1）测温式电气火灾监控探测器安装位置应干燥、清洁，远离热源及强电磁场。

（2）测温式电气火灾监控探测器应固定安装，使其避免油、污物、灰尘、腐蚀性气体或其他有害物质的侵袭。

2. 外观保养

（1）目测探测器表面是否存在明显的机械损伤，如有应上报维修。

（2）目测探测器的显示及指示系统是否有显示器花屏、指示灯无规则闪烁等明显故障，如有应上报维修。

3. 线路检查

检查线路接头和端子处是否有松动、虚接或脱落发生；检查敷设管线是否有破碎，桥架是否有脱落和变形发生。

4. 填写记录

根据检查结果，规范填写《建筑消防设施维护保养记录表》；如发现探测器存在故障，还应规范填写《建筑消防设施故障维修记录表》。

要点 068　保养故障电弧探测器

职业功能	工作内容	技能要求	相关知识要求	分项考点	分数	总分
3 设施保养	3.3 其他消防设施保养	3.3.2能保养电气火灾监控设备、剩余电流式电气火灾监控探测器、测温式电气火灾监控探测器、故障电弧探测器等	3.3.2电气火灾监控系统的维护保养内容和方法	1. 运行环境保养	0.1	0.4
				2. 外观保养	0.1	
				3. 线路检查	0.1	
				4. 填写记录	0.1	

一、操作准备

1. 技术资料

电气火灾监控系统图、电气火灾监控探测器等系统部件现场布置图和地址编码表、电气火灾监控设备产品使用说明书和设计手册等技术资料。

2. 常备工具

旋具、吸尘器、软布等。

3. 实操设备

电气火灾监控演示系统。

4. 记录表格

《建筑消防设施维护保养记录表》。

162

二、操作步骤

1. 运行环境保养

1）故障电弧探测器安装位置应干燥、清洁，远离热源及强电磁场。

2）故障电弧探测器应固定安装，使其避免油、污物、灰尘、腐蚀性气体或其他有害物质的侵袭。

2. 外观保养

1）目测故障电弧探测器表面是否存在明显的机械损伤，如有应上报维修。

2）目测故障电弧探测器的显示及指示系统是否有显示器花屏、指示灯无规则闪烁等明显故障，如有应上报维修。

3. 线路检查

检查线路接头和端子处是否有松动、虚接或脱落发生；检查敷设管线是否有破碎，桥架是否有脱落、变形发生。

4. 填写记录

根据检查结果，规范填写《建筑消防设施维护保养记录表》；如发现探测器存在故障，还应规范填写《建筑消防设施故障维修记录表》。

要点 069　保养可燃气体报警控制器

职业功能	工作内容	技能要求	相关知识要求	分项考点	分数	总分
3 设施保养	3.3 其他消防设施保养	3.3.3能保养可燃气体报警控制器、可燃气体探测器等	3.3.3可燃气体探测报警系统的维护保养内容和方法	1. 检查报警控制器运行环境	0.1	0.7
				2. 检查报警控制器外观	0.1	
				3. 清洁报警控制器表面	0.1	
				4. 检查及吹扫报警控制器内部	0.1	
				5. 打印纸更换	0.1	
				6. 蓄电池保养	0.1	
				7. 填写记录	0.1	

一、操作准备

1. 技术资料

可燃气体探测报警系统图、可燃气体探测器等系统部件现场布置图和地址编码表、可燃气体报警控制器产品使用说明书和设计手册等技术资料。

2. 常备工具

旋具、吸尘器、软布等。

164

3. 实操设备

可燃气体探测器报警演示系统。

4. 记录表格

《建筑消防设施维护保养记录表》

二、操作步骤

1. 检查报警控制器运行环境

检查控制器安装部位，如发现可燃物及杂物，应及时清理；如发现有漏水、渗水现象，应上报维修。

2. 检查报警控制器外观

（1）检查控制器安装质量

检查控制器是否安装牢固，对松动部位进行紧固。

（2）检查控制器机械损伤

检查控制器表面是否存在明显的机械损伤，如有应上报维修。

3. 清洁报警控制器表面

（1）面板除尘

用吸尘器吸除控制器操作面板、控制开关、机箱的灰尘。

（2）机箱清洁

用微湿软布清洁控制器表面的灰尘、污物，清洁时避免造成控制器表面划伤，避免触及按键造成误动作。

4. 检查及吹扫报警控制器内部

（1）接线口检查

检查控制器接线口的封堵是否完好，各接线的绝缘护套是否有明显的龟裂、破损。

（2）内部除尘

用吸尘器吸除控制器内部电路板、电池、接线端子的灰尘，吸除时避免触及电气元件，以免造成控制器损伤或人员触电危险。

（3）电路板及接线端子检查

检查控制器电路板和组件是否有松动、接线端子和线标是否紧固完好，对松动部位进行紧固。

5. 打印纸更换

打印纸更换方式与火灾报警控制器打印纸更换相似，具体可参考本系列教材中相关内容。

6. 蓄电池保养

蓄电池保养方式与火灾报警控制器蓄电池保养方法相似，具体可参考本系列教材中相关内容。

7. 填写记录

根据维护保养情况，规范填写《建筑消防设施维护保养记录表》；如发现探测器存在故障，还应规范填写《建筑消防设施故障维修记录表》。

要点 070　保养可燃气体探测器

职业功能	工作内容	技能要求	相关知识要求	分项考点	分数	总分
3 设施保养	3.3 其他消防设施保养	3.3.3能保养可燃气体报警控制器、可燃气体探测器等	3.3.3可燃气体探测报警系统的维护保养内容和方法	1. 检查运行环境	0.1	0.4
				2. 检查探测器外观	0.1	
				3. 清洁探测器表面	0.1	
				4. 填写记录	0.1	

一、操作准备

1. 技术资料

可燃气体探测报警系统图、可燃气体探测器等系统部件现场布置图和地址编码表、可燃气体报警控制器产品使用说明书和设计手册等技术资料。

2. 常备工具

旋具、吸尘器、软布等。

3. 实操设备

可燃气体探测器报警演示系统。

4. 记录表格

《建筑消防设施维护保养记录表》

二、操作步骤

1. 检查运行环境

检查探测器安装部位，如发现线型可燃气体探测器的发射器与接收器之间有遮挡物，应及时清理；如发现有漏水、渗水现象，应上报维修。

2. 检查探测器外观

（1）检查探测器安装质量

1）检查探测器安装是否牢固，对松动部位进行紧固。

2）检查探测器线路接头和端子处是否有松动、虚接现象，如有应进行紧固。

（2）检查探测器机械损伤

检查探测器表面是否存在明显的机械损伤，如有应上报维修。

（3）检查探测器显示及指示系统

检查探测器的显示及指示系统是否有显示器花屏、指示灯无规则闪烁等明显故障，如有应上报维修。

3. 清洁探测器表面

用吸尘器吸除、用微湿软布清洁探测器表面的灰尘、污物，清洁时避免造成探测器表面划伤，避免触及按键造成误动作。

4. 填写记录

根据维护保养情况，规范填写《建筑消防设施维护保养记录表》。

要点 071　保养消防设备电源状态监控器

职业功能	工作内容	技能要求	相关知识要求	分项考点	分数	总分
3 设施保养	3.3 其他消防设施保养	3.3.4 能保养消防设备电源监控系统组件	3.3.4 消防设备电源监控系统的维护保养内容和方法	1. 运行环境检查	0.1	0.4
				2. 外观检查		
				3. 表面清洁	0.1	
				4. 监控器内部检查及吹扫		
				5. 打印纸更换	0.1	
				6. 蓄电池保养		
				7. 填写记录	0.1	

一、操作准备

1. 技术资料

消防设备电源状态监控系统图、系统部件现场布置图和地址编码表，消防设备电源状态监控器产品使用说明书和设计手册等技术资料。

2. 常备工具

吸尘器、毛刷、软布、万用表、电工工具等。

3. 实操设备

消防设备电源状态监控演示系统。

4. 记录表格

《建筑消防设施维护保养记录表》。

二、操作步骤

1. 运行环境检查

检查监控器安装部位，如发现可燃物及杂物，应及时清理；如发现有漏水、渗水现象，应上报维修。

2. 外观检查

（1）检查监控器安装质量

检查监控器是否安装牢固，对松动部位进行紧固。

（2）检查监控器机械损伤

检查监控器表面是否存在明显的机械损伤，如有应上报维修。

（3）检查监控器显示器

检查监控器显示及指示系统是否有显示器花屏、指示灯无规则闪烁等明显故障，如有应上报维修。

3. 表面清洁

（1）面板吸尘

用吸尘器吸除监控器操作面板、控制开关、机箱的灰尘。

（2）机箱清洁

用微湿软布清洁监控器表面的灰尘、污物，清洁时避免造成监控器表面划伤，避免触及按键造成误动作。

4. 监控器内部检查及吹扫

（1）接线口检查

检查监控器接线口的封堵是否完好，各接线的绝缘护套是否有明显的龟裂、破损。

（2）内部吸尘

用吸尘器吸除监控器内部电路板、电池、接线端子的灰尘，操作时避免触及电气元件，以免造成监控器损伤或人员触电危险。

（3）电路板及接线端子检查

检查监控器电路板和组件是否有松动、接线端子和线标是否紧固完好，对松动部位进行紧固。

5. 打印纸更换

打印纸更换方法参见本系列教材相关内容。

6. 蓄电池保养

蓄电池保养方法参见本系列教材相关内容。

7. 填写记录

根据保养情况，规范填写《建筑消防设施维护保养记录表》。

要点 072 保养电压、电流、电压/电流传感器

职业功能	工作内容	技能要求	相关知识要求	分项考点	分数	总分
3 设施保养	3.3 其他消防设施保养	3.3.4 能保养消防设备电源监控系统组件	3.3.4 消防设备电源监控系统的维护保养内容和方法	1. 运行环境检查	0.1	0.2
				2. 外观检查		
				3. 表面清洁	0.1	
				4. 填写记录		

一、操作准备

1. 技术资料

消防设备电源状态监控系统图、系统部件现场布置图和地址编码表，消防设备电源状态监控器产品使用说明书和设计手册等技术资料。

2. 常备工具

吸尘器、毛刷、软布、万用表、电工工具等。

3. 实操设备

消防设备电源状态监控演示系统。

4. 记录表格

《建筑消防设施维护保养记录表》。

二、操作步骤

1. 运行环境检查

检查传感器安装部位，如发现可燃物及杂物，应及时清理。

2. 外观检查

（1）检查传感器安装质量

1）检查传感器是否安装牢固，对松动部位进行紧固。

2）检查传感器线路接头和端子处是否有松动、虚接现象，如有应进行紧固。

（2）检查传感器机械损伤

检查传感器表面是否存在明显的机械损伤，如有应上报维修。

（3）检查传感器指示灯

观察传感器工作状态指示灯，指示灯应无无规则闪烁等明显故障，如有应上报维修。

3. 表面清洁

用吸尘器吸除、用微湿软布清洁传感器表面的灰尘、污物，清洁时避免造成传感器表面划伤，避免触及按键造成误动作。

4. 填写记录

根据保养情况，规范填写《建筑消防设施维护保养记录表》。

要点 073 保养防火门监控器

职业功能	工作内容	技能要求	相关知识要求	分项考点	分数	总分
3 设施保养	3.3 其他消防设施保养	3.3.5 能保养防火门监控系统组件	3.3.5 防火门监控系统的维护保养内容和方法	1. 运行环境检查	0.1	0.4
				2. 外观检查		
				3. 表面清洁	0.1	
				4. 内部检查及吸尘		
				5. 打印纸更换	0.1	
				6. 蓄电池保养		
				7. 填写记录	0.1	

一、操作准备

1. 技术资料

防火门监控系统图、系统部件现场布置图和地址编码表，防火门监控器产品使用说明书和设计手册等技术资料。

2. 常备工具

吸尘器、毛刷、软布、万用表、电工工具等。

3. 实操设备

防火门监控演示系统。

4. 记录表格

《建筑消防设施维护保养记录表》。

二、操作步骤

1. 运行环境检查

检查监控器安装部位，如发现可燃物及杂物，及时清理；如发现有漏水、渗水现象，应上报维修。

2. 外观检查

（1）检查监控器安装质量

检查监控器是否安装牢固，对松动部位进行紧固。

（2）检查监控器机械损伤

检查监控器表面是否存在明显的机械损伤，如有应上报维修。

（3）检查监控器显示器

检查监控器显示及指示系统是否有显示器花屏、指示灯无规则闪烁等明显故障，如有应上报维修。

3. 表面清洁

（1）面板吸尘

用吸尘器吸除监控器操作面板、控制开关、机箱的灰尘。

（2）机箱清洁

用微湿软布清洁监控器表面的灰尘、污物，清洁时避免造成监控器表面划伤，避免触及按键造成误动作。

4. 内部检查及吸尘

（1）接线口检查

检查监控器接线口的封堵是否完好，各接线的绝缘护套是否有明显的龟裂、破损。

（2）内部吸尘

用吸尘器吸除监控器内部电路板、电池、接线端子的灰尘，吸除时避免触及电气元件，以免造成监控器损伤或人员触电危险。

（3）电路板及接线端子检查

检查监控器电路板和组件是否有松动、接线端子和线标是否紧固完好，对松动部位进行紧固。

5. 打印纸更换

打印纸更换方法参见本系列教材相关内容。

6. 蓄电池保养

蓄电池保养方法参见本系列教材相关内容。

7. 填写记录

根据保养情况，规范填写《建筑消防设施维护保养记录表》。

要点 074　保养防火门门磁开关

职业功能	工作内容	技能要求	相关知识要求	分项考点	分数	总分
3 设施保养	3.3 其他消防设施保养	3.3.5 能保养防火门监控系统组件	3.3.5 防火门监控系统的维护保养内容和方法	1. 运行环境检查	0.1	0.3
				2. 外观检查		
				3. 表面清洁	0.1	
				4. 填写记录	0.1	

一、操作准备

1. 技术资料

防火门监控系统图、系统部件现场布置图和地址编码表，防火门监控器产品使用说明书和设计手册等技术资料。

2. 常备工具

吸尘器、毛刷、软布、万用表、电工工具等。

3. 实操设备

防火门监控演示系统。

4. 记录表格

《建筑消防设施维护保养记录表》。

二、操作步骤

1. 运行环境检查

检查防火门门磁开关的安装部位，发现有漏水、渗水现象，应上报维修。

2. 外观检查

（1）检查防火门门磁开关安装质量

1）检查防火门门磁开关安装是否牢固，对松动部位进行紧固。

2）检查防火门门磁开关接头和端子处是否有松动、虚接现象，如有应进行紧固。

（2）检查防火门门磁开关机械损伤

检查防火门门磁开关表面是否存在明显的机械损伤，如有应上报维修。

（3）检查防火门门磁开关指示灯

检查防火门门磁开关指示灯是否闪烁，如不闪烁应上报维修。

3. 表面清洁

用吸尘器吸除、用微湿软布清洁防火门门磁开关表面的灰尘、污物，清洁时避免造成防火门门磁开关表面划伤，避免造成误动作。

4. 填写记录

根据保养情况，规范填写《建筑消防设施维护保养记录表》。

要点 075　保养防火门电动闭门器

职业功能	工作内容	技能要求	相关知识要求	分项考点	分数	总分
3 设施保养	3.3 其他消防设施保养	3.3.5 能保养防火门监控系统组件	3.3.5 防火门监控系统的维护保养内容和方法	1. 运行环境检查	0.1	0.3
				2. 外观检查		
				3. 表面清洁	0.1	
				4. 填写记录	0.1	

一、操作准备

1. 技术资料

防火门监控系统图、系统部件现场布置图和地址编码表，防火门监控器产品使用说明书和设计手册等技术资料。

2. 常备工具

吸尘器、毛刷、软布、万用表、电工工具等。

3. 实操设备

防火门监控演示系统。

4. 记录表格

《建筑消防设施维护保养记录表》。

二、操作步骤

1. 运行环境检查

检查防火门电动闭门器的安装部位，发现有漏水、渗水现象，应上报维修。

2. 外观检查

（1）检查防火门电动闭门器安装质量

1）检查防火门电动闭门器安装是否牢固，对松动部位进行紧固。

2）检查防火门电动闭门器接头和端子处是否有松动、虚接现象，如有应进行紧固。

（2）检查防火门电动闭门器机械损伤

检查防火门电动闭门器表面是否存在明显的机械损伤，如有应上报维修。

（3）检查防火门电动闭门器指示灯

检查防火门电动闭门器指示灯是否闪烁，如不闪烁应上报维修。

3. 表面清洁

用吸尘器吸除、用微湿软布清洁防火门电动闭门器表面的灰尘、污物，清洁时避免造成防火门电动闭门器表面划伤，避免造成误动作。

4. 填写记录

根据保养情况，规范填写《建筑消防设施维护保养记录表》。

要点 076　保养水幕自动喷水系统组件

职业功能	工作内容	技能要求	相关知识要求	分项考点	分数	总分
3 设施保养	3.3 其他消防设施保养	3.3.6能保养水幕自动喷水系统组件	3.3.6水幕自动喷水系统的维护保养内容和方法	1. 做好防误动措施	0.1	0.3
				2. 外观检查		
				3. 清洁保养	0.1	
				4. 填写记录	0.1	

一、操作准备

1. 技术资料

设备说明书、调试手册、图样等技术资料。

2. 常备工具

感烟探测器功能试验装置、清洁工器具等。

3. 实操设备

水幕自动喷水演示系统。

4. 记录表格

《建筑消防设施维护保养记录表》。

二、操作步骤

1. 做好防误动措施

根据维护保养的需要，将设备处于手动状态，做好防止误动作的措施。

2. 外观检查

（1）喷头

① 观察喷头与保护区域的环境是否匹配，判定保护区域的使用功能、危险性级别是否发生变更。

② 检查喷头外观有无明显磕碰伤痕或者损坏、有无喷头漏水或者被拆除等情况。

③ 检查保护区域内是否有影响喷头正常使用的吊顶装修，或者新增装饰物、隔断、高大家具以及其他障碍物；若有上述情况，采用目测、尺量等方法，检查喷头保护面积、与障碍物间距等是否发生变化。

（2）报警阀组

参见本系列教材相关内容。

（3）消防供配电设施

参见本系列教材相关内容。

3. 清洁保养

（1）检查消防水泵（稳压泵），对泵体、管道存在局部锈蚀的，应进行除锈处理；对水泵、电动机的旋转轴承等部位，应及时清理污渍、除锈、更换润滑油。

（2）系统各个控制阀门铅封损坏或者锁链未固定在规定状态的，及时更换铅封，调整锁链至规定的固定状态；发现阀门有漏水、锈蚀等情形的，更换阀门密封垫，修理或者更换阀门，对锈蚀部位进行除锈处理。

（3）查看消防水泵接合器的接口及其附件，发现闷盖、接口等部件有缺失的，及时采购安装；发现有渗漏的，检查相应部件的密封垫的完好性，查找管道、管件因锈蚀、损伤等出现的渗漏。属于密封垫密封不严的，调整密封垫位置或者更换密封垫；属于管件锈蚀、损伤的，更换管件，进行防锈、除锈处理。

（4）检查喷头，清除喷头上的异物。

（5）检查雨淋报警阀组过滤器的使用性能，清洗过滤器并重新安装到位。

（6）检查主阀以及各个部件外观，及时清除污渍。

（7）检查主阀锈蚀情况，及时除锈，保证各部件连接处无渗漏现象，压力表读数准确，水力警铃动作灵活、声音洪亮，排水系统排水畅通。

4. 填写记录

根据维护保养的实际情况，规范填写《建筑消防设施维护保养记录表》。

要点 077　判断火灾探测报警线路故障类型并修复

职业功能	工作内容	技能要求	相关知识要求	分项考点	分数	总分
4 设施维修	4.1 火灾自动报警系统维修	4.1.1 能判断火灾探测报警线路故障类型并修复	4.1.1 火灾探测报警系统的线路故障类别和维修方法	1. 确定故障范围	0.1	0.6
				2. 确定故障类型	0.1	
				3. 确定故障部位	0.1	
				4. 修复故障	0.1	
				5. 功能测试	0.1	
				6. 填写记录	0.1	

一、操作准备

1. 技术资料

火灾探测报警系统图、火灾探测器等系统部件现场布置图和地址编码表、火灾报警控制器产品使用说明书和设计手册等技术资料。

2. 常备工具

旋具、钳子、万用表、绝缘胶带等。

3. 实操设备

集中型火灾自动报警演示系统。

4. 记录表格

《建筑消防设施故障维修记录表》。

二、操作步骤

以下以一个具体实例来阐述修复操作步骤。

1. 确定故障范围

查询火灾报警控制器的故障显示信息,对照系统图、部件平面布置图以及地址编码表确定故障部件的范围。

火灾报警控制器报出总线故障,并且报出大量地址编号连续的火灾探测器通信故障。

根据火灾报警控制器故障提示信息,发生总线故障的回路为1号回路。结合火灾报警控制器故障提示信息,发现1-2和1-3支线上的火灾探测器全部发生通信故障。由此可知,应该是1号总线回路干线发生了故障。

2. 确定故障类型

关闭火灾报警控制器电源,将1号回路从火灾报警控制器回路板上拆除,用万用表测量总线是否短路、断路。

检查1号回路总线干线上两根导线间的电阻时,发现两根导线并未导通,排除短路故障,由此判断该干线故障为干线断路故障。

3. 确定故障部位

(1)检查1-1支线接线箱的输出端子处是否连接正常。

(2)检查1-1支线接线箱输出端到1-2支线接线箱输入端之间的线路是否断路。

(3)检查1-2支线接线箱输入端子是否连接正常。

经过检查,发现1-2支线接线箱输入端子处线路脱落,造成总线干线断路。

4. 修复故障

将脱落的导线接头烫锡后,用端子旋紧压接牢固。

5. 功能测试

闭合火灾报警控制器电源,等待100s,经观察确认火灾报警控制器无故障报警,然后分别在1-2总线支线和1-3总线支线选择1

只火灾探测器并模拟火警，发现火灾报警控制器均正常发出火灾报警信号，总线干线断路故障已确认修复完毕。

6. 填写记录

根据维修情况，规范填写《建筑消防设施故障维修记录表》，存档并上报。

要点 078　判断消防联动控制
线路故障类型并修复

职业功能	工作内容	技能要求	相关知识要求	分项考点	分数	总分
4 设施维修	4.1 火灾自动报警系统维修	4.1.2 能判断消防联动控制线路故障类型并修复	4.1.2 消防联动控制系统的线路故障类别和维修方法	1. 确定线路故障范围	0.1	0.6
				2. 确定故障类型	0.1	
				3. 确定故障部位	0.1	
				4. 故障修复	0.1	
				5. 功能测试	0.1	
				6. 填写记录	0.1	

一、操作准备

1. 技术资料

消防联动控制系统图、火灾探测器以及被控设备等系统部件现场布置图和地址编码表、火灾报警控制器（联动型）产品使用说明书和设计手册等技术资料。

2. 常备工具

旋具、钳子、万用表、500V 兆欧表、绝缘胶带等。

3. 实操设备

集中型火灾自动报警演示系统。

4. 记录表格

《建筑消防设施故障维修记录表》。

二、操作步骤

以下以一个具体的专线故障实例来阐述修复操作步骤。

1. 确定线路故障范围

查询消防联动控制器故障信息，对照系统图、部件平面布置图确定故障范围。消防联动控制器显示"1♯消防泵线路故障"。

2. 确定故障类型

将 1 号消防泵控制专线从消防联动控制器专线控制盘上拆除，使用万用表逐一测量该专线启动线、停止线、反馈线及其他线路，判断其是否发生断路或短路。经检查，发现启动线与地线发生短路。

3. 确定故障部位

使用万用表对启动线分段测量，确定短路部位。

4. 故障修复

更换故障部位线路，采用接线盒重新连接。用 500V 兆欧表测量启动线对地绝缘电阻，电阻值应大于 20MΩ。

5. 功能测试

按原线序将 1 号消防泵控制专线线路连接到消防联动控制器专线控制盘接线端子上。选择修复后线路上的现场部件进行联动测试，确认现场部件可正常联动并反馈信号。测试后复位现场部件和控制器。

6. 填写记录

根据维修情况，规范填写《建筑消防设施故障维修记录表》，存档并上报。

要点 079   更换吸气式感烟火灾探测器

职业功能	工作内容	技能要求	相关知识要求	分项考点	分数	总分
4 设施维修	4.1 火灾自动报警系统维修	4.1.3 能更换吸气式火灾探测器、火焰探测器和图像型火灾探测器	4.1.3 吸气式火灾探测器、火焰探测器和图像型火灾探测器的更换方法	1. 关闭电源	0.1	0.8
				2. 拆除采样管	0.1	
				3. 线路拆除，做好标记	0.1	
				4. 更换安装并固定	0.1	
				5. 线路连接	0.1	
				6. 编码调试	0.1	
				7. 功能测试	0.1	
				8. 填写记录	0.1	

一、操作准备

1. 技术资料

火灾探测报警系统图、火灾探测器等系统部件现场布置图和地址编码表、系统设备的接线图、吸气式感烟火灾探测器产品使用说明书和设计手册等技术资料。

2. 备品备件

相同或兼容型号的吸气式感烟火灾探测器。

3. 常备工具

旋具、钳子、万用表、绝缘胶带、模拟火警测试的专用工具等。

4. 防护装备

安全防护装备，如防砸鞋、安全帽、绝缘手套等。

5. 记录表格

《建筑消防设施故障维修记录表》。

二、操作步骤

1. 关闭电源

临时关闭吸气式感烟火灾探测器的电源，使系统处于检修状态。

2. 拆除采样管

将吸气式感烟火灾探测器的采样管拆除。

3. 线路拆除，做好标记

将吸气式感烟火灾探测器的线路拆除，并做好标记；将探测器从原安装部位移除。

4. 更换安装并固定

将相同或兼容型号的吸气式感烟火灾探测器安装固定。

5. 线路连接

打开吸气式感烟火灾探测器面板，根据产品说明书的要求重新接线，本规格产品需要将24V电源AB通信端口接通。

6. 编码调试

重启系统后，根据产品说明书的要求进行调试，本产品需要厂家使用专用编码器进行调试。

7. 功能测试

调试完成后，使用专用火灾探测装置模拟火灾，测试其报警功能。

8. 填写记录

根据实际作业情况，规范填写《建筑消防设施故障维修记录表》。

要点 080　更换火焰探测器

职业功能	工作内容	技能要求	相关知识要求	分项考点	分数	总分
4 设施维修	4.1 火灾自动报警系统维修	4.1.3能更换吸气式火灾探测器、火焰探测器和图像型火灾探测器	4.1.3吸气式火灾探测器、火焰探测器和图像型火灾探测器的更换方法	1. 拆除原探测器	0.1	0.4
				2. 新探测器的安装	0.1	
				3. 火焰探测器报警功能测试	0.1	
				4. 填写记录	0.1	

一、操作准备

1. 技术资料

火灾探测报警系统图、火灾探测器等系统部件现场布置图和地址编码表、系统设备的接线图、火焰探测器产品使用说明书和设计手册等技术资料。

2. 备品备件

与原火焰探测器规格型号相同或与在用火灾报警控制器/接口模块接口和通信协议兼容性满足现行国家标准的火焰探测器。

3. 常备工具

旋具、钳子、万用表、绝缘胶带、模拟火警测试的专用工具等。

4. 防护装备

安全防护装备，如防砸鞋、安全帽、绝缘手套等。

5. 记录表格

《建筑消防设施故障维修记录表》。

二、操作步骤

1. 拆除原探测器

（1）依次关闭探测器的备用电源、主电源。

（2）逆时针旋转，打开探测器后盖，注意观察火焰探测器，前盖为火焰探测器的探测窗口，后盖为火焰探测器的接线端。

（3）拆除探测器外部接线，宜采用拍照片等方式记录探测器接线情况。

（4）将火焰探测器从专用安装支架拆下。

2. 新探测器的安装

（1）用万用表检查线路是否有短路、断路故障，用 500V 兆欧表测量线路的接地电阻是否大于 20MΩ。

（2）将探测器固定安装好。

（3）按原线序重新接线，打开后盖就能看到里面是用户的接线端子，本产品接线端子如下：FLK/FLD/FLB 为故障继电器的触点输出端，FLD 为公共端、FLK 为常开端、FLB 为常闭端（负载能力 2A/30VDC）；FRK/FRD/FRB 为火警继电器的触点输出端，FRD 为公共端、FRK 为常开端、FRB 为常闭端（负载能力 2A/30VDC）；GND 为可复位供电电源负极，+24V 为可复位供电电源正极。

3. 火焰探测器报警功能测试

（1）完成接线、安装后，依次开启控制器主、备电源，使系统重新投入运行。火焰探测器正常运行时，绿色指示灯巡检。

（2）使用专用报警信号发生器，在距离探测器探测窗口 10cm 的地方启动报警信号发生器（场所允许的情况下可使用打火机近距离点燃测试），探测器应该能在 10s 左右报火警，红色指示灯点亮。报警控制器应能接收到报警信息。

4. 填写记录

根据实际作业情况，规范填写《建筑消防设施故障维护记录表》。

要点 081　更换图像型火灾探测器

职业功能	工作内容	技能要求	相关知识要求	分项考点	分数	总分
4 设施维修	4.1 火灾自动报警系统维修	4.1.3能更换吸气式火灾探测器、火焰探测器和图像型火灾探测器	4.1.3吸气式火灾探测器、火焰探测器和图像型火灾探测器的更换方法	1. 拆除原探测器	0.1	0.4
				2. 新探测器的安装	0.1	
				3. 图像型火灾探测器功能测试	0.1	
				4. 填写记录	0.1	

一、操作准备

1. 技术资料

火灾探测报警系统图、火灾探测器等系统部件现场布置图和地址编码表、系统设备的接线图、图像型火灾探测器产品使用说明书和设计手册等技术资料。

2. 备品备件

与原图像型火灾探测器规格型号相同或与在用火灾报警控制器/接口模块接口和通信协议兼容性满足现行国家标准的图像型火灾探测器。

3. 常备工具

旋具、钳子、万用表、绝缘胶带、模拟火警测试的专用工具等。

4. 防护装备

安全防护装备，如防砸鞋、安全帽、绝缘手套等。

5. 记录表格

《建筑消防设施故障维修记录表》。

二、操作步骤

1. 拆除原探测器

（1）临时关闭系统电源，停用设备。

（2）使用内六角扳手将接线盒打开，拆卸接线盒。

（3）将图像型火灾探测器线路从接线盒、接线管中抽出，将图像型火灾探测器从安装位置拆下。

（4）采用拍照片等方式记录探测器接线情况。

2. 新探测器的安装

（1）使用万用表检查线路是否短路、断路，用 500V 兆欧表测量线路的接地电阻是否大于 20MΩ。

（2）将探测器固定安装好。

（3）按原线序重新接线。

3. 图像型火灾探测器功能测试

（1）完成接线后，依次开启控制器主电源、备用电源，使系统重新投入运行。

（2）探测器正常运行时，使用专用报警信号发生器启动报警信号，探测器应该能在 10s 左右报火警，报警控制器应能接收到报警信息。

4. 填写记录

根据实际作业情况，规范填写《建筑消防设施故障维护记录表》。

要点 082　更换压力式比例混合装置内囊

职业功能	工作内容	技能要求	相关知识要求	分项考点	分数	总分
4 设施维修	4.2 自动灭火系统维修	4.2.1能更换泡沫灭火系统组件	4.2.1泡沫灭火系统的常见故障和维修方法	1. 关闭阀门	0.1	0.8
				2. 排放泡沫液	0.1	
				3. 取出胶囊	0.1	
				4. 清洗泡沫液储罐	0.1	
				5. 注入泡沫液	0.1	
				6. 注水	0.1	
				7. 复位	0.1	
				8. 填写记录	0.1	

一、操作准备

1. 技术资料

泡沫灭火系统图、系统组件现场布置图和地址编码表，泡沫灭火系统产品使用说明书和设计手册等技术资料。

2. 备品备件

新的压力式比例混合装置内囊。

3. 常备工具

旋具、钳子等。

4. 记录表格

《建筑消防设施检修记录表》。

二、操作步骤

1. 关闭阀门

关闭装置的消防水进口阀、泡沫液出口阀，打开泡沫液储罐的排水阀，泄放泡沫液储罐内水压，罐内保留少部分水。

2. 排放泡沫液

泡沫液储罐内水压泄放后，通过泡沫液泵将胶囊内的泡沫液抽入泡沫液桶内。

3. 取出胶囊

拆除装置内部必要的连接管路，打开泡沫液储罐人孔法兰盖，从人孔取出需更换的胶囊。

4. 清洗泡沫液储罐

清洗泡沫液储罐，然后放尽泡沫液储罐内的水，安装新的胶囊并连接好管路，确保安装牢固。

5. 注入泡沫液

向泡沫液储罐内注入部分消防水，然后通过泡沫液泵将泡沫液注入胶囊内。

6. 注水

打开装置的消防水进口阀，向泡沫液储罐内注水，使水压增加至正常的工作压力，各连接处不得出现渗漏。

7. 复位

复位装置上的阀门，使装置处于准工作状态。

8. 填写记录

根据实际作业情况，规范填写《建筑消防设施检修记录表》。

要点 083　更换平衡式比例混合装置的平衡阀

职业功能	工作内容	技能要求	相关知识要求	分项考点	分数	总分
4 设施维修	4.2 自动灭火系统维修	4.2.1 能更换泡沫灭火系统组件	4.2.1 泡沫灭火系统的常见故障和维修方法	1. 关闭平衡阀进出口手动阀，拆除平衡阀上的取压铜管	0.1	0.6
				2. 将平衡阀从管路上拆除	0.1	
				3. 重新安装新的平衡阀，连接好取压铜管，复位各手动阀至正常工作状态	0.1	
				4. 手动启动平衡式比例混合装置，平衡阀各连接处不应渗漏，装置工作正常	0.2	
				5. 填写记录	0.1	

一、操作准备

1. 技术资料

泡沫灭火系统图、系统组件现场布置图和地址编码表，泡沫灭火系统产品使用说明书和设计手册等技术资料。

2. 备品备件

与原平衡式比例混合装置的平衡阀规格型号相同的平衡阀及相关部件。

3. 常备工具

旋具、钳子等。

4. 记录表格

《建筑消防设施检修记录表》。

二、操作步骤

（1）关闭平衡阀进出口手动阀，拆除平衡阀上的取压铜管。

（2）将平衡阀从管路上拆除。

（3）重新安装新的平衡阀，连接好取压铜管，复位各手动阀至正常工作状态。

（4）手动启动平衡式比例混合装置，平衡阀各连接处不应渗漏，装置工作正常。

（5）填写记录。

根据实际情况，规范填写《建筑消防设施检修记录表》。

要点 084　更换泡沫产生器的密封玻璃

职业功能	工作内容	技能要求	相关知识要求	分项考点	分数	总分
4 设施维修	4.2 自动灭火系统维修	4.2.1能更换泡沫灭火系统组件	4.2.1泡沫灭火系统的常见故障和维修方法	1. 关闭泡沫产生器主管道上的控制阀门	0.1	0.4
				2. 立式泡沫产生器	0.1	
				3. 横式泡沫产生器	0.1	
				4. 填写记录	0.1	

一、操作准备

1. 技术资料

泡沫灭火系统图、系统组件现场布置图和地址编码表，泡沫灭火系统产品使用说明书和设计手册等技术资料。

2. 备品备件

与泡沫产生器密封玻璃规格相同的密封玻璃。

3. 常备工具

旋具、钳子、扳手等。

4. 记录表格

《建筑消防设施检修记录表》。

二、操作程序

1. 关闭泡沫产生器主管道上的控制阀门

2. 立式泡沫产生器

打开产生器上盖法兰，用内六角扳手拆除密封玻璃压板，取出损坏的玻璃，先将新密封玻璃和密封圈安装好，再用压板固定好玻璃，最后将盖板重新安装好。

3. 横式泡沫产生器

拆下产生器的罩板，用内六角扳手拆除密封玻璃压板，取出损坏的玻璃，先将新密封玻璃和密封圈安装好，再用压板固定好玻璃，最后将罩板重新安装好。

4. 填写记录

根据实际作业情况，规范填写《建筑消防设施检修记录表》。

要点 085　更换预作用自动喷水
灭火系统组件

职业功能	工作内容	技能要求	相关知识要求	分项考点	分数	总分
4 设施维修	4.2 自动灭火系统维修	4.2.2能更换预作用、雨淋自动喷水灭火系统组件	4.2.2 预作用、雨淋自动喷水灭火系统的常见故障和维修方法	1. 关闭系统	0.1	0.6
				2. 更换预作用阀阀腔内隔膜橡胶件	0.1	
				3. 更换防复位器O形圈	0.1	
				4. 更换自动滴水阀	0.1	
				5. 检查电磁阀	0.1	
				5. 填写记录	0.1	

一、操作准备

1. 技术资料

预作用自动喷水灭火系统图、系统组件现场布置图和地址编码表,预作用自动喷水灭火系统产品使用说明书和设计手册等技术资料。

2. 备品备件

与预作用自动喷水灭火系统组件规格型号相同的组件。

3. 常备工具

旋具、钳子等。

4. 实操设备

预作用自动喷水灭火演示系统。

5. 记录表格

《建筑消防设施检修记录表》。

二、操作步骤

1. 关闭系统

关闭主供水控制阀和供气阀，打开排水阀和系统上的其他辅助排水阀，关闭隔膜室的供水阀。

2. 更换预作用阀阀腔内隔膜橡胶件

(1) 将铜管拆开，拆下阀盖上的螺栓，取下阀盖、隔膜及腔内弹簧、支承块。

(2) 检查隔膜，如轻微变形属正常，如变形较大，有鼓包、裂纹等，需更换隔膜。

(3) 将以上零部件及阀体内部清洗干净。

(4) 放上隔膜、支承块、弹簧、阀盖，对称交错拧紧螺栓。安装时，首先要确保隔膜上球面的密封条与阀体的密封槽吻合，支承块、弹簧与隔膜和阀盖之间必须按相应的配合槽卡住，如以上两条装配有错则不能使阀工作正常。

3. 更换防复位器 O 形圈

(1) 取下防复位器，将其用扳手打开。

(2) 检查内部的密封环是否有损坏，橡胶密封块表面是否光滑、破损，O 形圈是否破损。

(3) 更换相应损坏的部件，将完好部件清洗干净重新装好。

(4) 将防复位器按照正确的方向安装回阀体上。

4. 更换自动滴水阀

取下自动滴水阀，检查里面是否有异物、推杆是否灵活。检查无故障后，使用扳手按照拆卸处的位置施力拧紧。

5. 检查电磁阀

检查线路是否有问题，再打开电磁阀检查是否有渣子堵住小孔或阀芯的密封橡胶是否损坏，如已损坏则应更换（检查电磁阀性能时应将主供水阀关闭，以免雨淋阀打开）。

6. 填写记录

根据实际作业情况，规范填写《建筑消防设施检修记录表》。

要点 086　更换雨淋自动喷水灭火系统组件

职业功能	工作内容	技能要求	相关知识要求	分项考点	分数	总分
4 设施维修	4.2 自动灭火系统维修	4.2.2能更换预作用、雨淋自动喷水灭火系统组件	4.2.2 预作用、雨淋自动喷水灭火系统的常见故障和维修方法	1. 停用系统	0.1	0.7
				2. 更换雨淋阀阀腔内隔膜	0.1	
				3. 更换防复位器O形圈	0.1	
				4. 更换自动滴水阀	0.1	
				5. 更换电磁阀	0.1	
				6. 其他部件的更换	0.1	
				7. 填写记录	0.1	

一、操作准备

1. 技术资料

雨淋自动喷水灭火系统图、系统组件现场布置图和地址编码表,雨淋自动喷水灭火系统产品使用说明书和设计手册等技术资料。

2. 备品备件

与雨淋自动喷水灭火系统组件规格型号相同的组件。

3. 常备工具

旋具、钳子等。

4. 实操设备

雨淋自动喷水灭火演示系统。

5. 记录表格

《建筑消防设施检修记录表》。

二、操作步骤

1. 停用系统

关闭主供水控制阀，打开排水阀和系统上的其他辅助排水阀，关闭隔膜室的供水阀。

2. 更换雨淋阀阀腔内隔膜

（1）打开阀腔，将阀盖上与阀体相连的铜管拆开，拆下阀盖上的螺栓，取下阀盖、隔膜以及隔膜腔内的弹簧、支承块。

（2）检查隔膜，如有轻微的变形属于正常现象，如发现变形较大，出现鼓包、裂纹等现象，需要立即更换新的隔膜。

（3）关闭阀腔，放上隔膜、支承块、弹簧、阀盖，交错拧紧螺栓，以保证其密封。安装时，首先要确保隔膜上球面的密封条与阀体的密封槽吻合，支承块、弹簧与隔膜和阀盖之间必须按相应的配合槽卡住，如以上两条装配有错则不能使阀工作正常。

3. 更换防复位器 O 形圈

（1）取下防复位器，将其用扳手打开。

（2）检查内部的密封环是否有损坏，橡胶密封块表面是否光滑、破损，O 形圈是否破损。

（3）更换相应损坏的部件，将完好部件清洗干净重新装好。

（4）将防复位器按照正确的方向安装回阀体上。

4. 更换自动滴水阀

取下自动滴水阀，检查里面是否有异物、推杆是否灵活。检查无故障后，使用扳手按照拆卸处的位置施力拧紧。

5. 更换电磁阀

检查线路是否有问题，再打开电磁阀检查是否有渣子堵住小孔或阀芯的密封橡胶是否损坏，如已损坏则应更换（检查电磁阀性能时应将主供水阀关闭，以免雨淋阀打开）。检查无故障后，使用扳手按照拆卸处的位置施力拧紧。

6. 其他部件的更换

参考湿式自动喷水灭火系统的内容。

7. 填写记录

根据实际作业情况，规范填写《建筑消防设施检修记录表》。

要点 087 更换现场手动/自动转换装置或紧急启动/停止按钮

职业功能	工作内容	技能要求	相关知识要求	分项考点	分数	总分
4 设施维修	4.2 自动灭火系统维修	4.2.3 能修复气体灭火系统气密性不符合要求的启动管路、灭火剂喷洒管路，更换气体灭火系统组件	4.2.3 气体灭火系统的常见故障和维修方法	1. 切断灭火控制器与驱动器的连接，防止灭火系统误动作	0.1	0.8
				2. 拆除损坏设备的连接线，记录接线顺序，拆除损坏的设备	0.1	
				3. 测量接线端子	0.1	
				4. 安装要求	0.1	
				5. 进行模拟启动试验，测试设备是否正常工作	0.2	
				6. 恢复灭火控制器与驱动器的连接	0.1	
				7. 根据实际维修情况，填写相应记录表格	0.1	

一、操作准备

1. 技术资料

气体灭火系统图、系统部件现场布置图、控制器等产品使用说明书和设计手册等技术资料。

2. 备品备件

与原手动/自动转换装置或紧急启动/停止按钮相同或兼容型号的设备。

3. 常备工具

旋具、钳子、万用表、绝缘胶带等。

4. 防护装备

安全防护装备，如防砸鞋、安全帽、绝缘手套等。

5. 实操设备

组合分配型高压二氧化碳灭火演示系统。

6. 记录表格

《建筑消防设施检修记录表》。

二、操作步骤

（1）切断灭火控制器与驱动器的连接，防止灭火系统误动作。

（2）拆除损坏设备的连接线，记录接线顺序，拆除损坏的设备。

（3）测量接线端子

用万用表检查设备的连接线是否存在短路或断路情况，用兆欧表测试连接线的接地电阻应大于 $20M\Omega$。检测合格后，安装新设备，按照原线序将连接线固定在设备的接线端子上。

（4）安装要求：安装牢固，不得倾斜。安装位置应位于防护区入口且便于操作的部位，安装高度为中心点距地（楼）面 1.5m。如原设备位置符合上述要求，则安装在原位置；如原设备位置不符合上述要求，则安装在满足上述规定的位置上。

（5）进行模拟启动试验，测试设备是否正常工作。

（6）恢复灭火控制器与驱动器的连接。

（7）根据实际维修情况，填写相应记录表格。

（8）根据实际作业情况，规范填写《建筑消防设施检修记录表》。

要点 088　更换启动管路

职业功能	工作内容	技能要求	相关知识要求	分项考点	分数	总分
4 设施维修	4.2 自动灭火系统维修	4.2.3 能修复气体灭火系统气密性不符合要求的启动管路、灭火剂喷洒管路，更换气体灭火系统组件	4.2.3 气体灭火系统的常见故障和维修方法	1. 切断启动气瓶与启动管路的连接，防止灭火系统误动作	0.1	0.7
				2. 拆除需要更换的部件、管件或管道	0.1	
				3. 安装相应的部件、管件或管道，管道布置应符合设计要求。安装驱动气体管路单向阀时应注意方向	0.2	
				4. 更换安装完成后，应进行气压严密性试验，合格后连接低泄高封阀	0.1	
				5. 恢复启动气瓶与启动管路的连接	0.1	
				6. 根据实际维修情况，填写相应记录表格	0.1	

一、操作准备

1. 技术资料

气体灭火系统图、系统部件现场布置图，控制器等产品使用说明书和设计手册等技术资料。

2. 备品备件

与原启动管路相同或兼容型号的设备。

3. 常备工具

旋具、钳子、扩口器、专用扳手等。

4. 防护装备

安全防护装备，如防砸鞋、安全帽、绝缘手套等。

5. 实操设备

组合分配型高压二氧化碳灭火演示系统。

6. 记录表格

《建筑消防设施检修记录表》。

二、操作步骤

（1）切断启动气瓶与启动管路的连接，防止灭火系统误动作。

（2）拆除需要更换的部件、管件或管道。

（3）安装相应的部件、管件或管道，管道布置应符合设计要求。安装驱动气体管路单向阀时应注意方向。

（4）更换安装完成后，应进行气压严密性试验，合格后连接低泄高封阀。

（5）恢复启动气瓶与启动管路的连接。

（6）根据实际维修情况，规范填写《建筑消防设施检修记录表》。

要点 089　更换灭火剂喷洒管路

职业功能	工作内容	技能要求	相关知识要求	分项考点	分数	总分
4 设施维修	4.2 自动灭火系统维修	4.2.3能修复气体灭火系统气密性不符合要求的启动管路、灭火剂喷洒管路，更换气体灭火系统组件	4.2.3气体灭火系统的常见故障和维修方法	1. 拆开需更换的灭火剂输送管道与集流管的连接法兰	0.1	0.7
				2. 拆除需要更换的部件、管件或管道	0.1	
				3. 安装相应的部件、管件或管道，管道布置应符合设计要求	0.1	
				4. 组件安装	0.1	
				5. 气密性试验	0.1	
				6. 恢复灭火控制器与电磁阀的连接	0.1	
				7. 根据实际维修情况，填写相应记录表格	0.1	

一、操作准备

1. 技术资料

气体灭火系统图、系统部件现场布置图，控制器等产品使用说明书和设计手册等技术资料。

2. 备品备件

与原灭火剂输送管路型号相同的管道和配件。

3. 常备工具

套丝机、旋具、钳子、密封胶、专用扳手等。

4. 防护装备

安全防护装备，如防砸鞋、安全帽、绝缘手套等。

5. 实操设备

组合分配型高压二氧化碳灭火演示系统。

6. 记录表格

《建筑消防设施检修记录表》。

二、操作步骤

（1）拆开需更换的灭火剂输送管道与集流管的连接法兰。

（2）拆除需要更换的部件、管件或管道。

（3）安装相应的部件、管件或管道，管道布置应符合设计要求。

（4）组件安装

安装选择阀、单向阀时注意流向指示箭头应指向介质流动方向，选择阀操作手柄应安装在操作面一侧，选择阀上要设置标明防护区、保护对象名称或编号的永久性标志，并应便于观察。

（5）气密性试验：更换安装完成后，应进行强度试验和气压严密性试验，相关指标应满足设计要求。

（6）将检修开关切换到正常位或连接启动装置的启动线，恢复灭火控制器与电磁阀的连接。

（7）根据实际维修情况，规范填写《建筑消防设施检修记录表》。

要点 090 维修、更换自动跟踪定位射流灭火系统的灭火装置组件

职业功能	工作内容	技能要求	相关知识要求	分项考点	分数	总分
4 设施维修	4.2 自动灭火系统维修	4.2.4 能更换自动跟踪定位射流灭火系统组件	4.2.4 自动跟踪定位射流灭火系统的常见故障和维修方法	1. 做标示	0.1	1.2
				2. 灭火装置除尘、清洁	0.1	
				3. 使用专用工具拆解灭火装置	0.1	
				4. 拆下损坏的传动机构、驱动电动机、控制电路板等部件	0.1	
				5. 维修或更换故障部件	0.1	
				6. 组装灭火装置,并添加润滑剂	0.1	
				7. 测试灭火装置动作及火灾探测功能	0.1	
				8. 利用登高设备安装灭火装置,并连接电气线路	0.1	
				9. 调试灭火装置运动限位、可见视频图像	0.1	
				10. 设置控制软件中灭火装置的参数	0.1	
				11. 通过控制主机操作测试灭火装置动作,利用火源测试灭火装置火灾探测、定位功能	0.1	
				12. 恢复系统运行,填写维修记录	0.1	

一、操作准备

1. 技术准备

详细阅读项目图样资料，熟悉自动跟踪定位射流灭火系统灭火装置组件的规格、数量、分布位置等，熟悉灭火装置组件的功能、维修和更换方法及注意事项。

2. 备品备件

灭火装置组件维修、更换的备品备件。

3. 常备工具和材料

旋具、钳子、万用表、绝缘胶带、专用工具等。

4. 防护装备

安全防护装备，如安全带、防砸鞋、安全帽、绝缘手套等。

5. 记录表格

《建筑消防设施故障维修记录表》。

二、操作步骤

（1）做标示：利用登高设备拆除故障灭火装置，做好电气线路接头保护和标记，并关闭相应灭火装置的检修阀。

（2）灭火装置除尘、清洁。

（3）使用专用工具拆解灭火装置。

（4）拆下损坏的传动机构、驱动电动机、控制电路板等部件。

（5）维修或更换故障部件。

（6）组装灭火装置，并添加润滑剂。

（7）测试灭火装置动作及火灾探测功能。

（8）利用登高设备安装灭火装置，并连接电气线路。

（9）调试灭火装置运动限位、可见视频图像。

（10）设置控制软件中灭火装置的参数。

（11）通过控制主机操作测试灭火装置动作，利用火源测试灭火装置火灾探测、定位功能。

（12）恢复系统运行根据实际情况，规范《建筑消防设施故障维修记录表》。

要点 091　更换自动跟踪定位射流灭火系统的探测装置组件

职业功能	工作内容	技能要求	相关知识要求	分项考点	分数	总分
4 设施维修	4.2 自动灭火系统维修	4.2.4 能更换自动跟踪定位射流灭火系统组件	4.2.4 自动跟踪定位射流灭火系统的常见故障和维修方法	1. 更换图像型火灾探测器	0.2	0.5
				2. 更换红紫外复合探测器	0.2	
				3. 填写记录	0.1	

一、操作准备

1. 技术准备

详细阅读项目图样资料，熟悉自动跟踪定位射流灭火系统探测装置组件的规格、数量、分布位置等，熟悉探测装置组件的功能、更换方法及注意事项。

2. 备品备件

探测装置组件更换的备品备件。

3. 常备工具和材料

旋具、钳子、万用表、绝缘胶带、专用工具等。

4. 防护装备

安全防护装备，如安全带、防砸鞋、安全帽、绝缘手套等。

5. 记录表格

《建筑消防设施故障维修记录表》。

二、操作步骤

1. 更换图像型火灾探测器

(1) 利用登高设备拆除损坏的图像型火灾探测器，做好电气线路接头保护和标记。

(2) 安装新的图像型火灾探测器，连接电气线路。

(3) 调试图像型火灾探测器的红外视频图像信号和可见视频图像信号。

(4) 调整图像型火灾探测器的角度、方位，使其符合设计要求。

(5) 设置控制软件中图像型火灾探测器的参数。

(6) 利用火源测试图像型火灾探测器，检查火灾探测、定位功能。

(7) 恢复系统运行，填写维修记录。

2. 更换红紫外复合探测器

(1) 利用登高设备拆除损坏的红紫外复合探测器，做好电气线路接头保护和标记。

(2) 安装新的红紫外复合探测器，连接电气线路。

(3) 调整红紫外复合探测器的角度、方位，使其符合设计要求。

(4) 利用火源测试红紫外复合探测器，检查火灾探测、定位功能。

(5) 恢复系统运行，填写维修记录。

3. 填写记录

根据实际作业情况，规范填写《建筑消防设施故障维修记录表》。

要点 092　维修、更换自动跟踪定位射流灭火系统的控制装置组件

职业功能	工作内容	技能要求	相关知识要求	分项考点	分数	总分
4 设施维修	4.2 自动灭火系统维修	4.2.4能更换自动跟踪定位射流灭火系统组件	4.2.4自动跟踪定位射流灭火系统的常见故障和维修方法	1. 维修、更换控制主机	0.1	0.6
				2. 更换硬盘录像机、矩阵切换器、监视器	0.1	
				3. 更换 UPS 电源	0.1	
				4. 维修、更换信号处理器	0.1	
				5. 维修、更换现场控制箱	0.1	
				6. 填写记录	0.1	

一、操作准备

1. 技术准备

详细阅读项目图样资料，熟悉自动跟踪定位射流灭火系统控制装置组件的规格、数量、分布位置等，熟悉控制装置组件的功能、维修和更换方法及注意事项。

2. 备品备件

控制装置组件维修、更换的备品备件。

3. 常备工具和材料

旋具、钳子、万用表、绝缘胶带、专用工具等。

4. 防护装备

安全防护装备，如安全带、防砸鞋、安全帽、绝缘手套等。

5. 记录表格

《建筑消防设施故障维修记录表》。

二、操作步骤

1. 维修、更换控制主机

（1）拆除发生故障的控制主机，做好电气线路接头保护和标记。

（2）对控制主机进行除尘、清洁。

（3）维修或更换故障部件。

（4）安装控制主机，连接电气线路。

（5）设置控制软件中的参数。

（6）操作控制主机，测试灭火装置动作、自动控制阀打开和关闭、消防水泵启动、报警、联动、自检、复位等功能。

（7）恢复系统运行，填写维修记录。

2. 更换硬盘录像机、矩阵切换器、监视器

（1）拆除损坏的硬盘录像机、矩阵切换器、监视器，做好电气线路接头保护和标识。

（2）安装新的硬盘录像机、矩阵切换器、监视器，连接电气线路。

（3）操作硬盘录像机、矩阵切换器，设置可见视频图像的参数。

（4）操作硬盘录像机、矩阵切换器、监视器，检查硬盘录像机录像及回放功能、矩阵切换器切换图像功能、监视器显示功能。

（5）恢复系统运行，填写维修记录。

3. 更换 UPS 电源

（1）拆除发生故障的 UPS 电源主机和蓄电池，做好电气线路接头保护和标记。

（2）安装新的 UPS 电源，连接电气线路。

（3）打开 UPS 电源，测试 UPS 电源供电功能；断开市电，测试 UPS 电源逆变供电功能。

（4）恢复系统运行，填写维修记录。

4. 维修、更换信号处理器

（1）利用登高设备拆除发生故障的信号处理器，做好电气线路接头保护和标记。

（2）对信号处理器除尘、清洁。

（3）维修或更换故障部件。

（4）利用登高设备安装信号处理器，连接电气线路。

（5）设置控制软件中信号处理器的参数。

（6）分别操作控制主机和现场控制箱测试灭火装置动作、自动控制阀打开和关闭、消防水泵启动、信号反馈功能。

（7）恢复系统运行，填写维修记录。

5. 维修、更换现场控制箱

（1）拆除发生故障的现场控制箱，做好电气线路接头保护和标记。

（2）对现场控制箱除尘、清洁。

（3）维修或更换故障部件。

（4）安装现场控制箱，连接电气线路。

（5）操作现场控制箱，测试灭火装置动作、自动控制阀打开和关闭、消防水泵启动、现场控制箱操作和控制主机操作切换功能。

6. 填写记录

恢复系统运行，根据实际情况，规范填写《建筑消防设施故障维修记录表》。

要点 093　维修、更换固定消防炮
灭火系统的消防炮组件

职业功能	工作内容	技能要求	相关知识要求	分项考点	分数	总分
4 设施维修	4.2 自动灭火系统维修	4.2.5 能更换固定消防炮灭火系统组件	4.2.5 固定消防炮灭火系统的常见故障和维修方法	1. 做标示	0.2	2.1
				2. 对消防炮除尘、清洁	0.2	
				3. 使用专用工具拆解消防炮	0.2	
				4. 拆下损坏的传动机构、电动或液压执行机构等部件	0.2	
				5. 维修或更换故障部件	0.2	
				6. 组装消防炮，并添加润滑剂	0.2	
				7. 测试消防炮动作功能	0.2	
				8. 利用吊装设备安装消防炮，并连接电气线路和动力源管路	0.2	
				9. 调试消防炮运动限位	0.2	
				10. 通过控制主机操作测试消防炮动作	0.2	
				11. 恢复系统运行，填写维修记录	0.1	

一、操作准备

1. 技术准备

详细阅读项目图样资料，熟悉固定消防炮灭火系统消防炮组件的规格、数量、分布位置等，熟悉消防炮组件的功能、维修和更换方法及注意事项。

2. 备品备件

消防炮组件维修、更换的备品备件。

3. 常备工具和材料

旋具、钳子、万用表、绝缘胶带、专用工具等。

4. 防护装备

安全防护装备，如安全带、防砸鞋、安全帽、绝缘手套等。

5. 记录表格

《建筑消防设施故障维修记录表》。

二、操作步骤

（1）做标示：利用登高和吊装设备拆除故障消防炮，做好电气线路和动力源管路接头的保护和标记，并关闭相应消防炮的检修阀。

（2）对消防炮除尘、清洁。

（3）使用专用工具拆解消防炮。

（4）拆下损坏的传动机构、电动或液压执行机构等部件。

（5）维修或更换故障部件。

（6）组装消防炮，并添加润滑剂。

（7）测试消防炮动作功能。

（8）利用吊装设备安装消防炮，并连接电气线路和动力源管路。

（9）调试消防炮运动限位。

（10）通过控制主机操作测试消防炮动作。

（11）恢复系统运行，根据实际情况规范填写《建筑消防设施故障维修记录表》。

要点 094　维修、更换固定消防炮灭火系统的控制装置组件

职业功能	工作内容	技能要求	相关知识要求	分项考点	分数	总分
4 设施维修	4.2 自动灭火系统维修	4.2.5能更换固定消防炮灭火系统组件	4.2.5固定消防炮灭火系统的常见故障和维修方法	1. 维修、更换控制主机	0.2	0.7
				2. 维修、更换现场控制箱	0.2	
				3. 更换无线遥控器	0.2	
				4. 填写记录	0.1	

一、操作准备

1. 技术准备

详细阅读项目图样资料，熟悉固定消防炮灭火系统控制装置组件的规格、数量、分布位置等，熟悉控制装置组件的功能、维修和更换方法及注意事项。

2. 备品备件

控制装置组件维修、更换的备品备件。

3. 常备工具和材料

旋具、钳子、万用表、绝缘胶带、专用工具等。

4. 防护装备

安全防护装备，如安全带、防砸鞋、安全帽、绝缘手套等。

5. 记录表格

《建筑消防设施故障维修记录表》。

二、操作步骤

1. 维修、更换控制主机

（1）拆除故障的控制主机，做好电气线路接头保护和标记。

（2）对控制主机除尘、清洁。

（3）维修或更换故障部件。

（4）安装控制主机，连接电气线路。

（5）操作控制主机，测试控制消防炮动作、控制阀打开和关闭、消防水泵启动、报警、联动等功能。

（6）恢复系统运行，填写维修记录。

2. 维修、更换现场控制箱

（1）拆除故障的现场控制箱，做好电气线路接头保护和标记。

（2）对现场控制箱除尘、清洁。

（3）维修或更换故障部件。

（4）安装现场控制箱，连接电气线路。

（5）操作现场控制箱，测试消防炮动作、控制阀打开和关闭、消防水泵启动、现场控制箱操作和控制主机操作切换功能。

（6）恢复系统运行，填写维修记录。

3. 更换无线遥控器

（1）更换故障无线遥控器。

（2）操作无线遥控器，测试消防炮选择、消防炮动作、控制阀打开和关闭功能。

4. 填写记录

恢复系统运行，根据实际情况，规范填写《建筑消防设施故障维修记录表》。

要点 095 更换固定消防炮灭火系统的泡沫装置、干粉装置组件

职业功能	工作内容	技能要求	相关知识要求	分项考点	分数	总分
4 设施维修	4.2 自动灭火系统维修	4.2.5 能更换固定消防炮灭火系统组件	4.2.5 固定消防炮灭火系统的常见故障和维修方法	1. 更换储罐压力式泡沫比例混合装置	0.2	0.5
				2. 更换平衡式泡沫比例混合装置	0.1	
				3. 更换干粉罐和氮气瓶组	0.1	
				4. 填写记录	0.1	

一、操作准备

1. 技术准备

详细阅读项目图样资料，熟悉固定消防炮灭火系统泡沫装置和干粉装置组件的技术规格、数量、分布位置等，熟悉泡沫装置和干粉装置组件的功能、更换方法及注意事项。

2. 备品备件

泡沫装置和干粉装置组件更换的备品备件。

3. 常备工具和材料

管钳、扳手、专用工具等。

4. 防护装备

安全防护装备，如防砸鞋、安全帽等。

5. 记录表格

《建筑消防设施故障维修记录表》。

二、操作步骤

1. 更换储罐压力式泡沫比例混合装置

更换方法见本教材泡沫灭火系统相关内容。

2. 更换平衡式泡沫比例混合装置

更换方法见本教材泡沫灭火系统相关内容。

3. 更换干粉罐和氮气瓶组

（1）拆除干粉罐和氮气瓶组的电气线路，做好电气线路接头保护和标记。

（2）关闭干粉罐出粉管路上的检修阀。

（3）拆卸干粉罐和氮气瓶组的管路连接法兰螺栓、地脚螺栓，整体拆除干粉罐和氮气瓶组。

（4）更换并安装新的干粉罐和氮气瓶组，连接好管路及电气线路。

（5）调试干粉罐和氮气瓶组，恢复阀门正常开关状态。

4. 填写记录

恢复系统运行，根据实际情况规范填写《建筑消防设施故障维修记录表》

要点 096　修复消防应急广播系统的支线故障

职业功能	工作内容	技能要求	相关知识要求	分项考点	分数	总分
4 设施维修	4.3 其他消防设施维修	4.3.1能判断并修复消防应急广播系统的线路故障，更换组件	4.3.1消防应急广播系统的线路故障判断、修复方法	1. 检查广播模块接线	0.2	1.1
				2. 检查广播模块与扬声器之间接线	0.2	
				3. 检查广播支线接地	0.2	
				4. 测试广播控制器监控状态	0.2	
				5. 检查消防应急广播启动	0.2	
				6. 填写记录	0.1	

一、操作准备

1. 技术资料

消防应急广播系统竣工图样、产品使用说明书和设计安装手册等技术资料。

2. 常备工具

旋具、钳子、万用表、绝缘胶带等。

3. 防护装备

安全防护装备，如防砸鞋、安全帽、绝缘手套等。

4. 实操设备

消防应急广播演示系统。

5. 记录表格

《建筑消防设施故障维修记录表》。

二、操作步骤

1. 检查广播模块接线

拆下广播模块，参考模块接线图检查底座接线是否正确。如接线错误，应重新进行接线；如接线无误，进行下一步操作。

2. 检查广播模块与扬声器之间接线

用万用表测试广播模块与扬声器的连接线是否存在短路、断路现象。

线路存在短路、断路现象时，要依据图样检查故障线路的具体位置，具体做法如下：

（1）若广播支线短路，通过查看竣工图样查找广播线路分布，通过万用表分段查找的方法确定短路点的位置，将短路点进行断开修复。

（2）若广播支线断路，通过查看竣工图样查找广播线路分布，通过万用表测试电压的方法，从最接近广播模块的端子箱、接线盒开始测量电压直至确定线路断路点的位置，并进行连接修复。

3. 检查广播支线接地

用万用表测试广播模块支线是否存在接地现象，如存在接地现象，找到接地位置进行处理。

4. 测试广播控制器监控状态

故障排除后检查广播控制器工作状态。

227

5. 检查消防应急广播启动

启动消防应急广播，观察扬声器发声是否正常，若正常，复位消防应急广播控制器。

6. 填写记录

根据实际情况，规范填写《建筑消防设施故障维修记录表》。

要点 097 修复消防应急广播系统的干线故障

职业功能	工作内容	技能要求	相关知识要求	分项考点	分数	总分
4 设施维修	4.3 其他消防设施维修	4.3.1 能判断并修复消防应急广播系统的线路故障，更换组件	4.3.1 消防应急广播系统的线路故障判断、修复方法	1. 检查广播模块接线	0.2	1.1
				2. 检查广播模块与功率放大器接线	0.2	
				3. 检查广播干线接地	0.2	
				4. 测试广播控制器监控状态	0.2	
				5. 检查消防应急广播启动	0.2	
				6. 填写记录	0.1	

一、操作准备

1. 技术资料

消防应急广播系统竣工图、产品使用说明书和设计安装手册等技术资料。

2. 常备工具

旋具、钳子、万用表、绝缘胶带等。

3. 防护装备

安全防护装备，如防砸鞋、安全帽、绝缘手套等。

4. 实操设备

消防应急广播演示系统。

5. 记录表格

《建筑消防设施故障维修记录表》。

二、操作步骤

1. 检查广播模块接线

拆下广播模块，参考使用说明书中的模块接线图检查底座接线是否正确。如接线错误，应重新进行接线；如接线无误，进行下一步操作。

2. 检查广播模块与功率放大器接线

用万用表测试广播模块与功率放大器之间连接是否存在短路、断路现象。

线路存在短路、断路现象时，要依据竣工图样检查故障线路的具体位置，具体做法如下：

（1）若广播干线短路，通过查看竣工图样查找广播线路分布，通过万用表分段查找的方法确定短路点的位置，对短路点进行断开修复。

（2）若广播干线断路，通过查看竣工图样查找广播线路分布，通过万用表测试电压的方法，从最接近广播模块的端子箱、接线盒开始测量电压直至确定线路断路点的位置，并进行连接修复。

3. 检查广播干线接地

用万用表测试广播模块干线是否存在接地现象，如存在接地，找到接地位置进行处理。

4. 测试广播控制器监控状态

5. 检查消防应急广播启动

6. 填写记录

根据实际情况，规范填写《建筑消防设施故障维修记录表》。

要点 098　修复消防电话系统主机与分机间线路故障

职业功能	工作内容	技能要求	相关知识要求	分项考点	分数	总分
4 设施维修	4.3 其他消防设施维修	4.3.2能判断并修复消防电话系统的线路故障，更换组件	4.3.2消防电话系统的线路故障判断、修复方法	1. 确定故障部位	0.1	0.4
				2. 修复故障线路	0.1	
				3. 测试消防电话总机与分机的通话功能	0.1	
				4. 填写记录	0.1	

一、操作准备

1. 技术资料

消防电话系统竣工图、产品使用说明书和设计安装手册等技术资料。

2. 常备工具

旋具、钳子、万用表、绝缘胶带等。

3. 防护装备

安全防护装备，如防砸鞋、安全帽、绝缘手套等。

4. 实操设备

消防电话演示系统。

5. 记录表格

《建筑消防设施故障维修记录表》。

二、操作步骤

1. 确定故障部位

依次关闭电话总机的备电、主电开关，使用万用表测量电话分机总线端子电压。如电压为"0V"，则说明该分机总线存在断路现象，查看竣工图样确定电话总机至分机的线路分布，使用万用表测试总线干线电压，从最接近控制器的端子箱、接线盒开始测量直至确定线路断路的位置。

2. 修复故障线路

对故障线路予以更换，重新连接后，用万用表测量线路是否存在断路、短路现象，用 500V 兆欧表测量线路对地阻抗，测量值应大于 20MΩ。

3. 测试消防电话总机与分机的通话功能

故障排除后依次接通电话总机的主电、备电开关，检查消防电话总机监控状态。使用消防电话总机呼叫排除故障的电话分机号，检查通话是否正常；使用排除故障的电话分机呼叫电话总机，检查通话是否正常。

4. 填写记录

根据工作情况，规范填写《建筑消防设施故障维修记录表》。

要点 099　修复电气火灾监控系统的线路故障

职业功能	工作内容	技能要求	相关知识要求	分项考点	分数	总分
4 设施维修	4.3 其他消防设施维修	4.3.3能判断并修复电气火灾监控系统的线路故障，更换组件	4.3.3电气火灾监控系统的线路故障判断、修复方法	1. 检查判断线路故障类型	0.4	0.5
				2. 填写记录	0.1	

一、操作准备

1. 技术资料

电气火灾监控系统图、电气火灾探测器平面布置图、产品使用说明书和设计安装手册等技术资料。

2. 常备工具

旋具、钳子、万用表、绝缘胶带等。

3. 防护装备

安全防护装备，如防砸鞋、安全帽、绝缘手套等。

4. 实操设备

电气火灾监控演示系统。

5. 记录表格

《建筑消防设施检修记录表》。

二、操作步骤

以剩余电流式电气火灾监控探测器与电气火灾监控设备构成的电气火灾监控系统存在线路故障为例阐述修复操作步骤。

1. 检查判断线路故障类型

（1）检查电气火灾监控设备与剩余电流式电气火灾监控探测器是否存在线路短路、断路情况，线路接头和端子处是否有接地短路、松动、虚接或脱落发生。

当发现电气火灾监控设备与剩余电流式电气火灾监控探测器存在线路短路时，则检查线路，排除短路点后上电测试；当发现线路断路时，找到线路断路点，连接后上电测试；当发现线路接头和端子处有接地短路、松动、虚接或脱落发生时，排除接地短路，拧紧连接线后重新上电测试。

（2）探测器与传感组件连接线路是否存在线路短路、断路情况，线路接头和端子处是否有接地短路、松动、虚接或脱落发生。

当发现探测器与传感组件连接线路存在线路短路时，检查线路，排除短路点后上电测试；当发现线路断路时，找到线路断路点，连接后上电测试；当发现线路接头和端子处有接地短路、松动、虚接或脱落发生时，排除接地短路，拧紧连接线后重新上电测试。

2. 填写记录

根据检查结果，规范填写《建筑消防设施检修记录表》。

要点 100　更换电气火灾监控设备或探测器

职业功能	工作内容	技能要求	相关知识要求	分项考点	分数	总分
4 设施维修	4.3 其他消防设施维修	4.3.3 能判断并修复电气火灾监控系统的线路故障，更换组件	4.3.3 电气火灾监控系统的线路故障判断、修复方法	1. 关闭电源	0.2	0.9
				2. 选择组件	0.2	
				3. 通电前检查	0.2	
				4. 功能调试	0.2	
				5. 填写记录	0.1	

一、操作准备

1. 技术资料

电气火灾监控系统图、电气火灾探测器平面布置图、产品使用说明书和设计安装手册等技术资料。

2. 备品备件

拟更换电气火灾监控设备或探测器。

3. 常备工具

旋具、钳子、万用表、绝缘胶带等。

4. 防护装备

安全防护装备，如防砸鞋、安全帽、绝缘手套等。

5. 实操设备

电气火灾监控演示系统。

6. 记录表格

《建筑消防设施检修记录表》。

二、操作步骤

1. 关闭电源

更换新设备时，应先关闭电源。正确的顺序是先关闭备用电源，再关闭主电源。

2. 选择组件

应选用与原设备型号相同或者厂家指定的电气火灾监控设备或探测器进行更换。

3. 通电前检查

更换完毕后、通电前应先检查接线是否牢固，有无废线头、工具遗留在电路板上，然后通电。正确的顺序是先打开主电源，再打开备用电源。

4. 功能调试

更换新设备后，应对电气火灾监控系统功能进行测试，调试正常后才可以移交委托单位确认。

5. 填写记录

根据检查结果，规范填写《建筑消防设施检修记录表》。

要点 101　修复可燃气体探测报警系统线路故障

职业功能	工作内容	技能要求	相关知识要求	分项考点	分数	总分
4 设施维修	4.3 其他消防设施维修	4.3.4能判断并修复可燃气体探测报警系统的线路故障，更换组件	4.3.4可燃气体探测报警系统的线路故障判断、修复方法	1. 查询并判断报警控制器线路故障	0.1	0.6
				2. 维修报警控制器线路故障	0.2	
				3. 查找并判断探测器线路故障	0.1	
				4. 维修探测器线路故障	0.1	
				5. 填写记录	0.1	

一、操作准备

1. 技术资料

可燃气体探测报警系统图、可燃气体探测器平面布置图、产品使用说明书和设计安装手册等技术资料。

2. 常备工具

旋具、钳子、万用表、绝缘胶带等。

3. 防护装备

安全防护装备，如防砸鞋、安全帽、绝缘手套等。

4. 记录表格

《建筑消防设施检修记录表》。

二、操作步骤

1. 查询并判断报警控制器线路故障

将可燃气体报警控制器的任一探测回路断开，查询控制器的故障信息，判断出故障回路的编号，结合系统布线图找出故障回路。

2. 维修报警控制器线路故障

使用万用表、剥线钳、电烙铁、绝缘胶带等工具，将故障回路重新正确连接。观察并记录可燃气体报警控制器的故障信息是否恢复。

3. 查找并判断探测器线路故障

将与可燃气体报警控制器连接的任一探测器断开，通过查询控制器的故障信息，判断出发生故障的探测器地址编码，结合系统点位图查找出发生故障的探测器。

4. 维修探测器线路故障

使用万用表、旋具、剥线钳、绝缘胶带等工具，对照说明书将探测器重新正确连接。观察并记录可燃气体报警控制器的故障信息是否恢复。

5. 填写记录

根据实际情况，规范填写《建筑消防设施检修记录表》。

要点 102　更换可燃气体探测报警系统组件

职业功能	工作内容	技能要求	相关知识要求	分项考点	分数	总分
4 设施维修	4.3 其他消防设施维修	4.3.4 能判断并修复可燃气体探测报警系统的线路故障，更换组件	4.3.4 可燃气体探测报警系统的线路故障判断、修复方法	1. 更换发生故障的可燃气体探测器	0.2	0.5
				2. 更换可燃气体报警控制器组件	0.2	
				3. 填写记录	0.1	

一、操作准备

1. 技术资料

可燃气体探测报警系统图、可燃气体探测器平面布置图、产品使用说明书和设计安装手册等技术资料。

2. 常备工具

钳子、万用表、绝缘胶带等。

3. 防护装备

安全防护装备，如防砸鞋、安全帽、绝缘手套等。

4. 实操设备

可燃气体探测报警演示系统。

5. 记录表格

《建筑消防设施检修记录表》。

二、操作步骤

1. 更换发生故障的可燃气体探测器

（1）断开不能现场维修的发生故障的可燃气体探测器与控制器之间的连接线。

（2）拆除发生故障的探测器，保留好固定用螺钉等配件。

（3）设置好新探测器的地址编码。

（4）安装好新探测器，确保新探测器固定牢固，使用万用表、剥线钳、电烙铁、绝缘胶带等工具按产品说明书中的接线要求接好新探测器与控制器的连接线。

（5）观察新探测器是否正常工作，在控制器上核查新探测器信息和工作状态。

2. 更换可燃气体报警控制器组件

（1）断开出现故障的可燃气体报警控制器的主电源和备用电源。

（2）拆除存在故障的组件，如回路板、电源板或蓄电池等，保留好固定用螺钉等配件。

（3）设置好要更换的新组件，如设置好新更换回路板的地址和通信波特率等。

（4）安装好组件，确保新组件固定牢固，使用万用表、剥线钳、电烙铁、绝缘胶带等工具按产品说明书中的接线要求接好新组件的连接线。

（5）接通可燃气体报警控制器的主电源和备用电源，观察可燃气体报警控制器是否正常工作，在可燃气体报警控制器上核查系统信息和各探测器的工作状态。

3. 填写记录

根据实际工作情况，规范填写《建筑消防设施检修记录表》。

要点 103 维修二氧化碳灭火器

职业功能	工作内容	技能要求	相关知识要求	分项考点	分数	总分
4 设施维修	4.3 其他消防设施维修	4.3.5 能维修二氧化碳灭火器、洁净气体灭火器	4.3.5 二氧化碳灭火器、洁净气体灭火器的常见故障和维修方法	1. 做好原始信息记录	0.2	1.9
				2. 外观检查填写记录	0.2	
				3. 药剂回收	0.2	
				4. 水压试验	0.2	
				5. 更换零部件	0.2	
				6. 称重测量	0.2	
				7. 气密性试验	0.2	
				8. 重新称重	0.2	
				9. 口述对报废零部件处置的要求	0.2	
				10. 整理维修记录	0.1	

一、操作准备

1. 技术资料

灭火器原生产企业的装配图样和可更换零部件的明细表，以及操作指导手册等技术资料。

2. 备品备件

准备 MT/2 和 MT/5 两种规格需维修的手提式二氧化碳灭火器以及零部件备件（注：因推车式二氧化碳灭火器太重，从安全角度考虑，故用手提式二氧化碳灭火器作为培训操作教具，推车式灭火器的车架组件维修可单独操作）。

3. 常备工具

旋具、钳子等。

4. 防护装备

安全防护装备，如防砸鞋、安全帽、绝缘手套等。

5. 记录表格

《原始信息记录单》《灭火器维修记录单》（包括《维修前检查记录单》《灭火剂回收记录单》《水压试验记录单》《更换零部件记录单》《维修出厂检验记录单》《报废记录单》等）。

二、操作步骤

从获取需要维修的手提式二氧化碳灭火器开始，经过每个操作过程，最终完成灭火器的维修。为了确保维修后的灭火器信息的可追溯性，需要做好维修过程中的相关记录。

1. 做好原始信息记录

填写《原始信息记录单》。

2. 外观检查填写记录

通过目测对灭火器外观和铭牌标志进行维修前检查，确认该灭火器是否应报废，并填写《灭火器维修记录单》中的《维修前检查记录单》或《报废记录单》。

3. 药剂回收

拆卸灭火器时，若考虑对二氧化碳灭火剂予以回收利用，应对回收的二氧化碳灭火剂进行含量和含水率检验，并填写《灭火器维修记录单》中的《灭火剂回收记录单》。

4. 水压试验

在进行水压试验前，应对灭火器受压零部件逐个进行检查，确认是否属于报废的受压零部件，并填写《报废记录单》。经水压试验的受压零部件，逐个填写《灭火器维修记录单》中的《水压试验记录单》或《报废记录单》。

5. 更换零部件

按原灭火器生产企业的可更换零部件明细表，为再充装和总体装配备全更换的零部件，并填写《灭火器维修记录单》中的《更换零部件记录单》。

6. 称重测量

充装后逐具进行充装量复称确认，并填写《灭火器维修记录单》中的《维修出厂检验记录单》。

7. 气密性试验

将再充装好的灭火器瓶体放入气密试验槽内逐具进行气密性试验，并填写《灭火器维修记录单》中的《维修出厂检验记录单》。

8. 重新称重

对总装完毕的灭火器进行称重，并填写《灭火器维修记录单》中的《维修出厂检验记录单》。

9. 口述对报废零部件处置的要求

10. 整理维修记录

①《原始信息记录单》。

②《维修前检查记录单》。

③《灭火剂回收记录单》。

④《水压试验记录单》。

⑤《更换零部件记录单》。

⑥《维修出厂检验记录单》。

⑦《报废记录单》。

要点 104　维修洁净气体灭火器

职业功能	工作内容	技能要求	相关知识要求	分项考点	分数	总分
4 设施维修	4.3 其他消防设施维修	4.3.5能维修二氧化碳灭火器、洁净气体灭火器	4.3.5二氧化碳灭火器、洁净气体灭火器的常见故障和维修方法	1. 做好原始信息记录	0.2	1.9
				2. 外观检查填写记录	0.2	
				3. 药剂回收	0.2	
				4. 水压试验	0.2	
				5. 更换零部件	0.2	
				6. 称重测量	0.2	
				7. 气密性试验	0.2	
				8. 重新称重	0.2	
				9. 口述对报废零部件处置的要求	0.2	
				10. 整理维修记录	0.1	

一、操作准备

1. 技术资料

灭火器原生产企业的装配图样和可更换零部件的明细表，以及操作指导手册等技术资料。

2. 备品备件

准备 MJ/4 规格的需维修的手提式洁净气体灭火器以及零部件备件（注：因洁净气体灭火剂价格贵，目前市场上该类产品规格和数量都很少，故用 4kg 手提式洁净气体灭火器作为培训操作教具）。

3. 常备工具

旋具、钳子等。

4. 防护装备

安全防护装备，如防砸鞋、安全帽、绝缘手套等。

5. 记录表格

根据实际情况，规范填写《原始信息记录单》《灭火器维修记录单》（包括《维修前检查记录单》《灭火剂回收记录单》《水压试验记录单》《更换零部件记录单》《维修出厂检验记录单》《报废记录单》等）。

二、操作步骤

维修洁净气体灭火器的操作步骤与"维修二氧化碳灭火器"的操作步骤相同。

再充装过程中要熟悉充装驱动气体的操作要求。

要点 105　消防应急灯具接线故障维修

职业功能	工作内容	技能要求	相关知识要求	分项考点	分数	总分
4 设施维修	4.3 其他消防设施维修	4.3.6 能判断并修复消防应急照明及疏散指示系统线路故障，更换组件	4.3.6 消防应急照明及疏散指示系统线路故障判断、修复方法	1. 灯具接线情况检查	0.2	1.1
				2. 灯具与总线接线检查	0.2	
				3. 故障线路的更换	0.2	
				4. 灯具应急启动功能测试	0.2	
				5. 系统复位	0.2	
				6. 填写维修记录	0.1	

一、操作准备

1. 技术资料

消防应急照明和疏散指示系统图、消防应急灯具平面布置图、产品使用说明书和设计安装手册等技术资料。

2. 常备工具

旋具、钳子、万用表、500V 兆欧表、绝缘胶带等。

3. 防护装备

安全防护装备，如防砸鞋、安全帽、绝缘手套等。

4. 实操设备

集中供电集中控制型应急照明及疏散指示演示系统。

5. 记录表格

《建筑消防设施故障维修记录表》。

二、操作步骤

1. 灯具接线情况检查

打开灯具外壳，检查灯具接线端子是否有松动断路、生锈导致接触不良、短路等现象。如有以上现象，予以修复、排除。如不存在上述现象，进行下一一步操作。

2. 灯具与总线接线检查

（1）依次关闭灯具所连接应急照明集中电源的蓄电池电源和主电源开关。

（2）用万用表测试灯具与总线分线盒间的连线是否存在短路、断路。

（3）线路存在短路、断路现象时，进行下一步操作。

3. 故障线路的更换

（1）采用同一规格型号的电线对故障线路予以更换。

（2）测量更换线路对地的绝缘电阻，用万用表检查线间是否短路，如外接线对地绝缘电阻值小于 $20M\Omega$、外接线之间的负载电阻小于 $1k\Omega$。

（3）将灯具与总线重新连接。

4. 灯具应急启动功能测试

（1）依次打开集中电源的主电源和蓄电池电源开关，检查应急照明控制器中该灯具的故障报警是否自动消除。

（2）故障消除后，操作应急照明控制器使该灯具启动，检查灯具光源的应急点亮情况。

5. 系统复位

手动操作应急照明控制器的复位按键（钮），检查控制器和灯具复位情况。

6. 填写维修记录

根据故障维修情况，规范填写《建筑消防设施故障维修记录表》，存档并上报。

要点 106　集中电源回路故障维修

职业功能	工作内容	技能要求	相关知识要求	分项考点	分数	总分
4 设施维修	4.3 其他消防设施维修	4.3.6 能判断并修复消防应急照明及疏散指示系统线路故障，更换组件	4.3.6 消防应急照明及疏散指示系统线路故障判断、修复方法	1. 故障回路的确定	0.2	1.3
				2. 集中电源总线回路接线端子连接情况检查	0.2	
				3. 总线故障部位的确定	0.2	
				4. 故障线路的更换	0.2	
				5. 开机检查	0.2	
				6. 系统复位	0.2	
				7. 填写维修记录	0.1	

一、操作准备

1. 技术资料

消防应急照明和疏散指示系统图、消防应急灯具平面布置图、产品使用说明书和设计安装手册等技术资料。

2. 常备工具

旋具、钳子、万用表、绝缘胶带等。

3. 防护装备

安全防护装备，如防砸鞋、安全帽、绝缘手套等。

4. 实操设备

集中供电集中控制型应急照明及疏散指示演示系统。

5. 记录表格

《建筑消防设施故障维修记录表》。

二、操作步骤

1. 故障回路的确定

（1）根据应急照明控制器显示的故障灯具的地址注释信息，按照消防应急灯具平面布置图，确定故障灯具的设置部位。

（2）根据系统图确定集中电源故障回路的编号。

2. 集中电源总线回路接线端子连接情况检查

打开集中电源，检查故障总线回路接线端子是否松动断路、生锈而导致接触不良、短路。如有以上现象，对接线端子进行清理、紧固处理。若应急照明控制器显示的灯具故障未自动消除，进行下一步操作。

3. 总线故障部位的确定

（1）依次关闭集中电源的蓄电池电源和主电源开关。

（2）将故障回路从接线端子上拆除。

（3）按照系统平面布置图所示，将位于该回路中间部位灯具的总线回路断开。

（4）用万用表分别测试该部位的两段回路总线是否存在短路和断路现象，测试灯具和集中电源间回路总线是否断路时，应将集中电源端的总线短接。

（5）对于存在短路或断路的回路总线段，采用 3）和 4）的方法和步骤，逐段检查，最终确定故障部位。

4. 故障线路的更换

（1）采用同一规格型号的电线对故障线路予以更换。

（2）用 500V 兆欧表测量更换线路对地的绝缘电阻，用万用表检查线间是否短路，如外接线对地绝缘电阻值小于 20MΩ、外接线之间的负载电阻小于 1kΩ。

5. 开机检查

（1）依次打开集中电源的主电源和蓄电池电源开关，检查应急照明控制器显示的灯具故障报警是否自动消除。

（2）故障消除后，手动操作应急照明控制器应急启动，检查该回路灯具光源的应急点亮情况。

6. 系统复位

手动操作应急照明控制器的复位按键（钮），检查控制器和灯具复位情况。

7. 填写维修记录

根据故障维修情况，规范填写《建筑消防设施故障维修记录表》，存档并上报。

要点 107 检查吸气式感烟火灾探测器、火焰探测器、图像型火灾探测器的安装位置、数量、规格、型号

职业功能	工作内容	技能要求	相关知识要求	分项考点	分数	总分
5 设施检测	5.1 火灾自动报警系统检测	5.1.1能检查吸气式火灾探测器、火焰探测器和图像型火灾探测器的安装位置、数量、规格和型号	5.1.1吸气式火灾探测器、火焰探测器和图像型火灾探测器的设置要求	1. 规格、型号核查	0.3	1.1
				2. 吸气式感烟火灾探测器安装情况检查	0.3	
				3. 火焰探测器、图像型火灾探测器安装情况检查	0.3	
				4. 填写记录	0.2	

一、操作准备

1. 技术资料

吸气式感烟火灾探测器、火焰探测器、图像型火灾探测器系统图、现场布置图和地址编码表，产品使用说明书和设计手册等技术资料。

2. 常备工具

激光测距仪、米尺等。

3. 实操设备

吸气式感烟火灾探测器演示模型，含火焰探测器、图像型火灾探测器的集中型火灾自动报警演示系统，具有场景再现功能的演示系统或设备等。

4. 记录表格

《建筑消防设施检测记录表》。

二、操作步骤

1. 规格、型号核查

对照消防工程竣工图样和探测器上的标志铭牌，核查各类探测器的规格、型号。

2. 吸气式感烟火灾探测器安装情况检查

（1）对照消防工程竣工图样检查探测器数量。

（2）检查采样管是否固定牢固。

（3）检查探测器的灵敏度等级，根据灵敏度等级检查采样管安装高度、采样孔位置是否符合要求。

（4）检查采样管是否穿越防火分区。

（5）对照产品说明书与消防产品检验报告，检查探测器每个探测单元的采样管总长度、单管长度、毛细管长度以及采样孔总数、单管采样孔数是否符合要求。

（6）检查采样孔保护半径是否符合要求，检查垂直采样管路上的采样孔设置位置是否符合要求。

（7）检查吸气管路与采样孔是否有火灾探测器标识。

3. 火焰探测器、图像型火灾探测器安装情况检查

（1）对照消防工程竣工图样检查探测器数量。

（2）对照产品说明书与消防产品检验报告，检查探测器的探测视角和探测距离是否满足应用条件。

（3）检查探测器探测视角内是否有遮挡物。

（4）检查探测器探测窗口是否可能被其他光源直射。

4. 填写记录

根据检查结果，规范填写《建筑消防设施检测记录表》。

要点 108　测试吸气式感烟火灾探测器的火警、故障报警功能

职业功能	工作内容	技能要求	相关知识要求	分项考点	分数	总分
5 设施检测	5.1 火灾自动报警系统检测	5.1.2能测试吸气式火灾探测器、火焰探测器和图像型火灾探测器的火警、故障报警功能	5.1.2吸气式火灾探测器、火焰探测器和图像型火灾探测器火警、故障报警功能的测试方法	1. 状态确认	0.3	1.6
				2. 故障报警功能测试	0.4	
				3. 火灾报警功能测试	0.4	
				4. 系统恢复	0.3	
				5. 填写记录	0.2	

一、操作准备

1. 技术资料

火灾自动报警系统图、吸气式感烟火灾探测器管网布置图、探测器现场布置图和地址编码表、产品使用说明书和设计手册等技术资料。

2. 常备工具

加烟器或烟雾探测器测试剂等。

3. 实操设备

吸气式感烟火灾探测器演示模型，含火焰探测器、图像型火灾

探测器的集中型火灾自动报警演示系统，具有场景再现功能的演示系统或设备等。

4. 记录表格

《建筑消防设施检测记录表》。

二、操作步骤

1. 状态确认

检测时，确认吸气式感烟火灾探测器与火灾报警控制器正确连接并接通电源，处于正常监视状态。

2. 故障报警功能测试

（1）采用拆除毛细采样管或拆除采样管末端帽等方法模拟高气流故障，测试探测器故障报警功能。

（2）采用堵塞采样孔或关闭吹扫阀门等方法模拟低气流故障，测试探测器故障报警功能。

（3）检查吸气式感烟火灾探测器故障报警确认灯点亮情况。探测器会在100s内发出故障报警声，火灾报警控制器显示故障信号，黄色故障指示灯点亮。

3. 火灾报警功能测试

（1）用加烟器或烟雾探测器测试剂向吸气式感烟火灾探测器采样孔持续施加烟气。

（2）检查吸气式感烟火灾探测器火灾报警确认灯点亮情况。探测器应在120s内发出火灾报警信号，火灾警报装置发出声、光报警信号，火灾报警控制器显示火警信号，红色报警确认灯点亮。

4. 系统恢复

测试完毕后，应将探测器各组件恢复至原状，处于正常监视状态。

5. 填写记录

根据测试结果，规范填写《建筑消防设施检测记录表》。

要点 109　测试火焰探测器的火警、故障报警功能

职业功能	工作内容	技能要求	相关知识要求	分项考点	分数	总分
5 设施检测	5.1 火灾自动报警系统检测	5.1.2能测试吸气式火灾探测器、火焰探测器和图像型火灾探测器的火警、故障报警功能	5.1.2吸气式火灾探测器、火焰探测器和图像型火灾探测器火警、故障报警功能的测试方法	1. 状态确认	0.3	1.3
				2. 故障报警功能测试	0.4	
				3. 火灾报警功能测试	0.4	
				4. 填写记录	0.2	

一、操作准备

1. 技术资料

火灾自动报警系统图、火焰探测器布置图和地址编码表、产品使用说明书和设计手册等技术资料。

2. 常备工具

火焰探测器功能试验器、纸张等。

3. 实操设备

吸气式感烟火灾探测器演示模型，含火焰探测器、图像型火灾探测器的集中型火灾自动报警演示系统，具有场景再现功能的演示系统或设备等。

4. 记录表格

《建筑消防设施检测记录表》。

二、操作步骤

1. 状态确认

检测时，确认火焰探测器与火灾报警控制器正确连接并接通电源，处于正常监视状态。

2. 故障报警功能测试

使用纸张等物品完全遮挡探测器探测镜头，此时探测器不能正常工作，在 100s 内发出故障声、光报警信号。拿开纸张，火灾探测器复位。

3. 火灾报警功能测试

（1）在火焰探测器监测视角范围内，距离探测器正前方 0.55～1m 处，将火焰探测器功能试验器镜筒对准火焰探测器。

（2）打开试验器燃烧笔上的电子点火开关，产生火焰。

（3）检查火焰探测器火警确认灯点亮情况。探测器应发出火灾报警信号，火灾警报装置发出声、光报警信号，火灾报警控制器显示火警信号，红色报警确认灯点亮。

（4）将点火开关推下，使其处于关闭位置，火焰探测器复位。

4. 填写记录

根据测试结果，规范填写《建筑消防设施检测记录表》。

要点 110 测试图像型火灾探测器的火警、故障报警功能

职业功能	工作内容	技能要求	相关知识要求	分项考点	分数	总分
5 设施检测	5.1 火灾自动报警系统检测	5.1.2 能测试吸气式火灾探测器、火焰探测器和图像型火灾探测器的火警、故障报警功能	5.1.2 吸气式火灾探测器、火焰探测器和图像型火灾探测器火警、故障报警功能的测试方法	1. 状态确认	0.3	1.4
				2. 故障报警功能测试	0.3	
				3. 火灾报警功能测试	0.3	
				4. 复位	0.3	
				5. 填写记录	0.2	

一、操作准备

1. 技术资料

火灾自动报警系统图、图像型火灾探测器布置图和地址编码表、产品使用说明书和设计手册等技术资料。

2. 常备工具

酒精灯、纸张等。

3. 实操设备

吸气式感烟火灾探测器演示模型，含火焰探测器、图像型火灾探测器的集中型火灾自动报警演示系统，具有场景再现功能的演示

系统或设备等。

4. 记录表格

《建筑消防设施检测记录表》。

二、操作步骤

1. 状态确认

检测时，确认图像型火灾探测器与火灾报警控制器正确连接并接通电源，处于正常监视状态。

2. 故障报警功能测试

使用纸张等物品完全遮挡探测器探测镜头，此时探测器不能正常工作，在 100s 内发出故障声、光报警信号。

3. 火灾报警功能测试

在图像型火灾探测器监测视角范围内，距离探测器 20m 左右，点燃酒精灯，探测器响应发出火灾报警信号。火焰越大，探测器报警速度越快。

4. 复位

移开酒精灯或纸张，火灾探测器复位。

5. 填写记录

根据测试结果，规范填写《建筑消防设施检测记录表》。

要点 111　压力式比例混合装置的安装质量检测

职业功能	工作内容	技能要求	相关知识要求	分项考点	分数	总分
5 设施检测	5.2 自动灭火 系统检测	5.2.1能检查 泡沫灭火系 统的安装质 量，测试系 统的联动控 制功能	5.2.1泡沫灭 火系统施工 验收要求	1. 检查比例混合 装置的外观	0.3	2.9
				2. 检查储罐的检 修空间是否满足 要求	0.3	
				3. 检查比例混合 装置的安装方向	0.3	
				4. 检查铭牌标志	0.3	
				5. 检查装置固定 的牢固性	0.3	
				6. 检查安全阀的 安装	0.3	
				7. 检查压力表的 安装位置	0.3	
				8. 检查连接件的 渗漏情况	0.3	
				9. 检查阀门的性能	0.3	
				10. 填写记录	0.2	

一、操作准备

1. 技术资料

泡沫灭火系统图、系统组件现场布置图和地址编码表，泡沫灭火系统产品使用说明书和设计手册等技术资料。

2. 常备工具

卷尺等。

3. 实操设备

泡沫灭火演示系统、具有场景再现功能的演示系统或设备等。

4. 记录表格

《建筑消防设施检测记录表》。

二、操作步骤

1. 检查比例混合装置的外观

查看泡沫液储罐、比例混合器、进水阀、出液阀、排液阀、安全阀、压力表等关键组件是否在安装过程中有损坏。

2. 检查储罐的检修空间是否满足要求

用尺子测量检修通道的宽度，操作面的检修宽度不能小于1.5m，其他部位检修宽度不能小于0.7m；测量储罐控制阀距地面的高度，如果大于1.8m，检查其是否在操作面处设置了操作平台或操作凳。

3. 检查比例混合装置的安装方向

查看比例混合器箭头指向是否与系统水流方向一致，严禁两者反向。

4. 检查铭牌标志

首先查看泡沫液储罐上的铭牌标志是否齐全，应标志泡沫液种类、型号、出厂和灌装日期、有效期及储量等内容，另外查看比例混合装置的混合比类型是否和泡沫液的混合比相匹配。

5. 检查装置固定的牢固性

比例混合装置的工作压力较高，水流经过时有一定的冲击力，所以比例混合装置一定要与基础固定牢固。

6. 检查安全阀的安装

主要检查安全阀出口的朝向，出口不应朝向操作面，以免泄压时对人员造成伤害。

7. 检查压力表的安装位置

压力表应安装在便于人员观测的位置。

8. 检查连接件的渗漏情况

观察进水阀、出液阀、排液阀、相关连接法兰等管道连接处是否有渗漏。

9. 检查阀门的性能

用手转动各阀门，看是否启、闭灵活，观察各阀门是否处于正常状态。

10. 填写记录

根据测试结果，规范填写《建筑消防设施检测记录表》。

要点 112 储罐区立式泡沫产生器的安装质量检测

职业功能	工作内容	技能要求	相关知识要求	分项考点	分数	总分
5 设施检测	5.2 自动灭火系统检测	5.2.1 能检查泡沫灭火系统的安装质量，测试系统的联动控制功能	5.2.1 泡沫灭火系统施工验收要求	1. 检查泡沫产生器的外观	0.3	1.7
				2. 检查泡沫产生器的型号	0.3	
				3. 检查泡沫产生器的安装间距	0.3	
				4. 检查泡沫产生器的固定措施	0.3	
				5. 检查泡沫产生器的密封玻璃	0.3	
				6. 填写记录	0.2	

一、操作准备

1. 技术资料

泡沫灭火系统图、系统组件现场布置图和地址编码表，泡沫灭火系统产品使用说明书和设计手册等技术资料。

2. 常备工具

卷尺、扳手等。

3. 实操设备

泡沫灭火演示系统、具有场景再现功能的演示系统或设备等。

4. 记录表格

《建筑消防设施检测记录表》。

二、操作步骤

1. 检查泡沫产生器的外观

查看泡沫产生器本体、泡沫室、发泡网、连接法兰等是否完好，无损伤；观察吸气口是否有杂物堵塞。

2. 检查泡沫产生器的型号

对照设计图样，查看泡沫产生器型号是否和设计要求一致。

3. 检查泡沫产生器的安装间距

采用卷尺测量泡沫产生器的安装间距，间距偏差不宜大于 100mm。

4. 检查泡沫产生器的固定措施

用手晃动泡沫产生器，检查泡沫产生器是否固定牢固。

5. 检查泡沫产生器的密封玻璃

利用扳手等工具，卸下产生器顶盖，查看密封玻璃是否完好，查看密封玻璃的划痕面是否朝上、密封是否严密。

6. 填写记录

根据测试结果，规范填写《建筑消防设施检测记录表》。

要点 113　闭式泡沫-水喷淋灭火系统联动控制功能测试

职业功能	工作内容	技能要求	相关知识要求	分项考点	分数	总分
5 设施检测	5.2 自动灭火系统检测	5.2.2能检查气体灭火系统的安装质量，测试系统的联动控制功能	5.2.2气体灭火系统施工验收要求	1. 检查所有阀门是否处于准工作状态位置	0.3	1.7
				2. 关闭系统独立总阀	0.4	
				3. 缓慢打开泡沫液测试阀	0.4	
				4. 试验完毕后复位	0.4	
				5. 填写记录	0.2	

一、操作准备

1. 技术资料

泡沫灭火系统图、系统组件现场布置图和地址编码表，泡沫灭火系统产品使用说明书和设计手册等技术资料。

2. 常备工具

量尺，测试用仪器、仪表设备等。

3. 实操设备

泡沫灭火演示系统、具有场景再现功能的演示系统或设备等。

4. 记录表格

《建筑消防设施检测记录表》。

二、操作步骤

1. 检查所有阀门是否处于准工作状态位置

2. 关闭系统独立总阀

3. 缓慢打开泡沫液测试阀

使流量控制在 8L/s，系统联动结果应符合下列要求：

（1）湿式报警阀自动开启。

（2）水力警铃报警，压力开关动作，并联锁启动消防水泵。

（3）压力泄放阀自动开启，控制管道泄压，压力表的指针指示值为≤0.01MPa。

（4）泡沫液控制阀自动开启，测试管中排出泡沫混合液，接取样本，测试混合比应符合要求。

（5）消防控制室压力开关、消防水泵等的反馈信号应正常。

4. 试验完毕后复位

首先关闭泡沫罐供水控制阀和泡沫液断流阀，用清水冲洗泡沫液试验管路，冲洗完毕，关闭泡沫液测试阀，停泵，湿式报警阀自动复位，使系统处于准工作状态。

5. 填写记录

根据测试结果，规范填写《建筑消防设施检测记录表》。

要点 114　检查气体灭火系统的安装质量

职业功能	工作内容	技能要求	相关知识要求	分项考点	分数	总分
5 设施检测	5.2 自动灭火系统检测	5.2.2 能检查气体灭火系统的安装质量，测试系统的联动控制功能	5.2.2 气体灭火系统施工验收要求	1. 检查现场环境	0.2	1.3
				2. 核查系统设备安装位置、安装数量、型号、规格	0.3	
				3. 检查系统设备外观、标志	0.3	
				4. 核查安装要求	0.3	
				5. 填写记录	0.2	

一、操作准备

1. 技术资料

气体灭火系统施工图、设计说明书及其设计变更通知单等设计文件，产品出厂合格证和市场准入制度要求的有效证明文件，质量控制文件，系统及其主要组件的使用、维护说明书，施工过程检查记录及隐蔽工程验收记录等。

2. 常备工具

钢卷尺、温度计等。

3. 防护装备

安全防护装备，如防砸鞋、安全帽、绝缘手套等。

4. 实操设备

气体灭火演示系统、具有场景再现功能的演示系统或设备等。

5. 记录表格

《建筑消防设施检测记录表》。

二、操作步骤

1. 检查现场环境

（1）通过现场观测、核查资料，确认防护区可燃物中最大的设计灭火浓度是否超过设计方案的设计灭火浓度。

（2）通过现场观测、核查资料，确认防护区泄压口设置位置、开口面积是否符合设计要求；确认除泄压口外，防护区是否存在不能关闭或未封闭的开口。

（3）通过现场观测、核查资料，确认防护区内安置的设备、物品是否存在阻挡灭火剂喷嘴或影响灭火剂喷放的情况。

（4）通过现场观测、核查资料，确认灭火剂储瓶间是否存在阳光直射储存装置的情况。

（5）通过现场观测、核查资料，确认储瓶间内灭火剂储存装置的操作面宽度是否满足设计要求。

（6）核查确认防护区、储瓶间的环境温度是否满足设计要求。

（7）检查确认防护区、储瓶间门外的标志牌和警示标志是否符合要求。

2. 核查系统设备安装位置、安装数量、型号、规格

根据设计文件的要求，对组成系统的所有设备、部件进行安装位置、安装数量、型号、规格的核查。

3. 检查系统设备外观、标志

（1）控制器的主电源应有明显的永久性标志，并应直接与消防电源连接，严禁使用电源插头。控制器与其外接备用电源之间应直

接连接。

（2）控制器的接地应牢固，并有明显的永久性标志。

（3）储存容器宜涂红色油漆，正面应标明设计规定的灭火剂名称和储存容器的编号。

（4）驱动气瓶上应有标明驱动介质名称、对应防护区或保护对象名称或编号的永久性标志，并应便于观察。

（5）驱动气瓶的机械应急手动操作处，应有标明对应防护区或保护对象名称的永久性标志。

（6）气单向阀、灭火剂单向阀、选择阀的流向指示箭头应指向介质流动方向。

（7）选择阀上应设置标明防护区或保护对象名称或编号的永久性标志牌，并应便于观察。

（8）灭火剂输送管道应涂红色油漆，隐蔽位置的管道可涂红色色环。

4. 核查安装要求

（1）控制器在墙上安装时，其底边距地（楼）面高度宜为 1.3～1.5m，其靠近门轴的侧面距墙不应小于 0.5m，正面操作距离不应小于 1.2m；落地安装时，其底边宜高出地（楼）面 0.1～0.2m。

（2）控制器应安装牢固，不应倾斜；安装在轻质墙上时，应采取加固措施。

（3）灭火剂储存装置、启动气瓶安装后，泄压装置的泄压方向不应朝向操作面。低压二氧化碳灭火系统的安全阀应通过专用的泄压管接到室外。

（4）储存装置上压力计、液位计、称重显示装置的安装位置应便于人员观察和操作。

（5）储存容器的支、框架应固定牢靠，并应做防腐处理。

（6）驱动气瓶的支、框架或箱体应固定牢靠，并做防腐处理。

（7）选择阀操作手柄应安装在操作面一侧，当安装高度超过 1.7m 时应采取便于操作的措施。

（8）采用螺纹连接的选择阀，其与管网连接处宜采用活接。

（9）电磁驱动装置驱动器的电气连接线应沿固定灭火剂储存容器的支、框架或墙面固定。

（10）灭火剂输送管道的支吊架应固定牢靠，并应做防腐处理。

5. 填写记录

根据检测的实际情况，规范填写《建筑消防设施检测记录表》。

要点 115　测试气体灭火系统的联动控制功能

职业功能	工作内容	技能要求	相关知识要求	分项考点	分数	总分
5 设施检测	5.2 自动灭火系统检测	5.2.2能检查气体灭火系统的安装质量，测试系统的联动控制功能	5.2.2气体灭火系统施工验收要求	1. 连接测试设备并采取防误动措施	0.3	2.8
				2. 手动、自动状态切换	0.3	
				3. 火警判断功能测试	0.4	
				4. 启动功能测试	0.4	
				5. 停止（中断）喷放功能测试	0.4	
				6. 警报功能测试	0.4	
				7. 联动功能测试	0.4	
				8. 填写记录	0.2	

一、操作准备

1. 技术资料

气体灭火系统施工图、设计说明书及其设计变更通知单等设计文件，产品出厂合格证和市场准入制度要求的有效证明文件，质量控制文件，系统及其主要组件的使用、维护说明书，施工过程检查记录及隐蔽工程验收记录等。

2. 常备工具

万用表、测试设备等。

3. 防护装备

安全防护装备，如防砸鞋、安全帽、绝缘手套等。

4. 实操设备

气体灭火演示系统、具有场景再现功能的演示系统或设备等。

5. 记录表格

《建筑消防设施检测记录表》。

二、操作步骤

一般按照发生火灾时气体灭火系统操作流程进行相关测试。

1. 连接测试设备并采取防误动措施

为了防止测试时灭火系统误启动，测试前应将驱动器（电磁阀）与启动瓶分离，直接启动的将驱动器与灭火系统分离；或拆开驱动器与灭火控制器启动输出端的连接导线，连接与驱动器功率相同的测试设备或万用表。

2. 手动、自动状态切换

操作气体灭火控制器或设置在防护区门口的手动/自动转换装置，可切换气体灭火控制系统的工作状态。观察手动/自动状态指示灯是否显示正确。

3. 火警判断功能测试

（1）模拟防护区一个火灾探测器信号，灭火控制器进入预警状态，不会输出灭火系统的启动信号。观察驱动器、测试设备是否动作，或万用表是否接到启动信号。

（2）再模拟防护区另外一组火灾探测器信号，形成复合火警，灭火控制器判定为真实火警，进入延时启动状态。观察灭火控制器是否显示进入延时启动状态。

4. 启动功能测试

（1）自动控制状态下，灭火控制器收到两个独立的火警信号后，进行 0～30s 延时；延时结束后，应向对应的驱动装置输出启动信号。观察驱动器、测试设备是否动作，或万用表是否接到启动信号。

（2）将系统状态切换为手动控制状态，重复之前的试验，灭火控制器应不输出启动信号。观察驱动器、测试设备是否动作，或万用表是否接到启动信号。

（3）操作防护区门外的手动启动按钮，灭火控制器应向对应的驱动装置直接输出启动信号。自动控制状态和手动控制状态分别进行测试，结果应一致。观察驱动器、测试设备是否动作，或万用表是否接到启动信号。注意：用万用表直接测试启动信号时，启动信号的输出功率应满足驱动器的启动功率。

5. 停止（中断）喷放功能测试

延时启动的延时时间结束前，操作防护区门口的手动停止按钮，灭火控制器没有启动信号的输出。观察驱动器、测试设备是否动作，或万用表是否接到启动信号。

6. 警报功能测试

（1）收到火警信号（含手动启动按钮的动作信号）后，灭火控制器应向对应的防护区设置的声、光报警装置输出信号，防护区报警装置应发出声、光报警。

（2）手动触发压力信号器的测试开关，或短接压力信号器的连接电线，灭火控制器应向对应的防护区门外设置的放气指示灯输出信号，放气指示灯应点亮。

7. 联动功能测试

（1）预警状态时，灭火控制器应不输出联动信号，联动设备应不响应。

（2）真实火警状态、手动启动按钮动作时，灭火控制器应输出联动信号。自动控制状态和手动控制状态分别进行测试，结果应一致。

（3）观察防护区的空调通风、防火阀、电动门窗等联动设备。灭火控制器输出联动信号后，联动设备应响应，结果符合设计要求。

8. 填写记录

根据检测的实际情况，规范填写记录表格。

要点 116　检查预作用自动喷水灭火系统的安装质量

职业功能	工作内容	技能要求	相关知识要求	分项考点	分数	总分
5 设施检测	5.2 自动灭火系统检测	5.2.3 能检查预作用、雨淋自动喷水灭火系统的安装质量，测试系统的工作压力、流量和联动控制功能	5.2.3 预作用、雨淋自动喷水灭火系统施工验收要求	1. 检查阀门状态	0.3	0.8
				2. 测试预作用系统	0.3	
				3. 填写记录	0.2	

一、操作准备

1. 技术资料

预作用自动喷水灭火系统设计文件及竣工验收文件、预作用自动喷水灭火系统产品使用说明书和设计手册等技术资料。

2. 常备工具

声级计、流量压力测量仪器等。

3. 实操设备

预作用自动喷水灭火演示系统、具有场景再现功能的演示系统或设备等。

4. 记录表格

《建筑消防设施检测记录表》。

二、操作步骤

1. 检查阀门状态

对照消防设计文件或者生产厂家提供的安装图样，检查预作用报警装置及其各附件的安装位置、结构状态，手动检查供水干管侧和配水干管侧控制阀门、检测装置各个控制阀门的状态。

2. 测试预作用系统

将预作用报警装置调节到伺应状态，开启报警阀组手动快开阀或者电磁阀，目测检查压力表变化情况、延迟器以及水力警铃等附件启动情况；采用压力表测试水力警铃喷嘴处的压力，采用卷尺确定水力警铃铃声声强测试点，采用声级计测试其铃声声强。

3. 填写记录

根据检测结果，规范填写《建筑消防设施检测记录表》。

要点 117　检查预作用自动喷水灭火系统的工作压力、流量和联动控制功能

职业功能	工作内容	技能要求	相关知识要求	分项考点	分数	总分
5 设施检测	5.2 自动灭火系统检测	5.2.3 能检查预作用、雨淋自动喷水灭火系统的安装质量，测试系统的工作压力、流量和联动控制功能	5.2.3 预作用、雨淋自动喷水灭火系统施工验收要求	1. 检查预作用自动喷水灭火系统的工作压力、流量	0.3	0.8
				2. 检查预作用自动喷水灭火系统的联动控制功能	0.3	
				3. 填写记录	0.2	

一、操作准备

1. 技术资料

预作用自动喷水灭火系统设计文件及竣工验收文件、预作用自动喷水灭火系统产品使用说明书和设计手册等技术资料。

2. 常备工具

声级计、流量压力测量装置等。

3. 实操设备

预作用自动喷水灭火演示系统、具有场景再现功能的演示系统

或设备等。

4. 记录表格

《建筑消防设施检测记录表》。

二、操作步骤

1. 检查预作用自动喷水灭火系统的工作压力、流量

（1）启动系统消防水泵。

（2）打开预作用自动喷水灭火系统流量压力检测装置的放水阀，测试系统的流量、压力。

2. 检查预作用自动喷水灭火系统的联动控制功能

（1）按照设计联动逻辑，采用专用测试仪表或其他方式，在同一防护区内模拟两只感烟火灾探测报警器信号，查看火灾报警控制器火灾报警信号，查看联动控制器联动控制信号发出情况，逐一检查电磁阀、预作用报警装置（雨淋报警阀）、水流指示器、压力开关和消防水泵的动作情况，以及排气阀的排气情况。

（2）报警阀动作后，用声级计测试，距水力警铃 3m 远处连续声强不应低于 70dB。

（3）打开末端试水装置，待火灾控制器确认火灾 2min 后读取出水压力不应低于 0.05MPa。

（4）关闭末端试水装置，系统复位，恢复到工作状态。

3. 填写记录

根据检测结果，规范填写《建筑消防设施检测记录表》。

要点 118　检查雨淋自动喷水灭火系统的安装质量

职业功能	工作内容	技能要求	相关知识要求	分项考点	分数	总分
5 设施检测	5.2 自动灭火系统检测	5.2.3 能检查预作用、雨淋自动喷水灭火系统的安装质量，测试系统的工作压力、流量和联动控制功能	5.2.3 预作用、雨淋自动喷水灭火系统施工验收要求	1. 检查阀门状态	0.3	0.8
				2. 测试雨林自动喷水灭火系统	0.3	
				3. 填写记录	0.2	

一、操作准备

1. 技术资料

雨淋自动喷水灭火系统设计文件及竣工验收文件、雨淋自动喷水灭火系统产品使用说明书和设计手册等技术资料。

2. 常备工具

声级计、流量压力测量装置等。

3. 实操设备

雨淋自动喷水灭火演示系统、具有场景再现功能的演示系统或设备等。

4. 记录表格

《建筑消防设施检测记录表》。

二、操作步骤

1. 检查阀门状态

对照消防设计文件或者生产厂家提供的安装图样，检查雨淋报警阀组及其各附件安装位置、结构状态，手动检查供水干管侧和配水干管侧控制阀门、检测装置各个控制阀门的状态。

2. 测试雨淋自动喷水灭火系统

将雨淋报警阀组调节到伺应状态，开启雨淋报警阀组手动快开阀或者电磁阀，目测检查压力表变化情况、延迟器以及水力警铃等附件启动情况；采用压力表测试水力警铃喷嘴处的压力，采用卷尺确定水力警铃铃声声强测试点，采用声级计测试其铃声声强。

3. 填写记录

根据实际情况，规范填写《建筑消防设施检测记录表》。

要点 119　检查雨淋自动喷水灭火系统的工作压力、流量和联动控制功能

职业功能	工作内容	技能要求	相关知识要求	分项考点	分数	总分
5 设施检测	5.2 自动灭火系统检测	5.2.3能检查预作用、雨淋自动喷水灭火系统的安装质量，测试系统的工作压力、流量和联动控制功能	5.2.3　预作用、雨淋自动喷水灭火系统施工验收要求	1. 检查雨淋自动喷水灭火系统的工作压力、流量	0.3	0.8
				2. 检查雨淋自动喷水灭火系统的联动控制功能	0.3	
				3. 填写记录	0.2	

一、操作准备

1. 技术资料

雨淋自动喷水灭火系统设计文件及竣工验收文件、雨淋自动喷水灭火系统产品使用说明书和设计手册等技术资料。

2. 常备工具

声级计、压力测量装置等。

3. 实操设备

雨淋自动喷水灭火演示系统、具有场景再现功能的演示系统或设备等。

4. 记录表格

《建筑消防设施检测记录表》。

二、操作步骤

1. 检查雨淋自动喷水灭火系统的工作压力、流量

（1）启动系统消防水泵。

（2）打开雨淋自动喷水灭火系统流量压力检测装置放水阀，测试系统的压力和流量。

2. 检查雨淋自动喷水灭火系统的联动控制功能

（1）对于传动管控制的雨淋报警阀组，查看并读取传动管压力表数值，核对传动管压力表设定值；启动1只传动管上的闭式喷头，对控制腔泄压，逐一查看雨淋报警阀、压力开关和消防水泵等动作情况。

（2）对于火灾探测器控制的雨淋报警阀组，按照设计联动逻辑，采用专用测试仪表或其他方式，在同一防护区内模拟两只感温火灾探测器的报警信号，查看火灾报警控制器火灾报警信号，查看联动控制器联动控制信号发出情况，逐一检查电磁阀、雨淋报警阀、压力开关和消防水泵的动作情况。

（3）报警阀动作后，用声级计测试，距水力警铃3m远处连续声强应不低于70dB。

（4）系统复位，恢复到工作状态。

3. 填写记录

根据实际情况，规范填写《建筑消防设施检测记录表》。

要点 120　检查自动跟踪定位
射流灭火系统的安装质量

职业功能	工作内容	技能要求	相关知识要求	分项考点	分数	总分
5 设施检测	5.2 自动灭火系统检测	5.2.4 能检查自动跟踪定位射流灭火系统的安装质量，测试系统的工作压力、流量和联动控制功能	5.2.4 自动跟踪定位射流灭火系统施工验收要求	1. 检查自动跟踪定位射流灭火系统组件及配件的安装质量	0.3	1.5
				2. 检查自动跟踪定位射流灭火系统管道及附件的安装质量	0.3	
				3. 检查自动跟踪定位射流灭火系统消防水泵、气压稳压装置、消防水池、高位消防水箱及消防水泵接合器的安装质量	0.3	
				4. 检查自动跟踪定位射流灭火系统电源、备用动力、电气设备及电气线路的安装质量	0.3	
				5. 填写记录	0.3	

一、操作准备

1. 技术准备

详细阅读项目图样资料，熟悉自动跟踪定位射流灭火系统组件及设施设备的规格、数量、分布位置等，熟悉系统组件及设施设备的功能、检查方法及注意事项。

2. 常备工具

卷尺、万用表、兆欧表等。

3. 防护装备

安全防护装备，如安全带、防砸鞋、安全帽、绝缘手套等。

4. 实操设备

自动跟踪定位射流灭火演示系统、具有场景再现功能的演示系统或设备等。

5. 记录表格

《建筑消防设施检测记录表》。

二、操作步骤

1. 检查自动跟踪定位射流灭火系统组件及配件的安装质量

（1）检查灭火装置的安装质量

① 检查灭火装置的安装是否固定可靠。

② 检查灭火装置的安装是否在设计规定的水平和俯仰回转范围内、是否与周围构件触碰。

③ 检查与灭火装置连接的管线是否安装牢固、是否阻碍回转机构的运动。

（2）检查探测装置的安装质量

① 检查探测装置的安装是否固定可靠。

② 检查探测装置的安装是否产生探测盲区。

③ 检查探测装置及配线金属管或线槽是否有接地保护，接地是否牢靠并有明显标志。

④ 检查进入探测装置的电缆或导线是否配线整齐、固定牢固，电缆线芯和导线的端部是否标明编号。

（3）检查控制装置的安装质量

① 检查控制装置的安装是否牢固可靠。

② 检查控制装置的接地是否安全可靠。

（4）检查模拟末端试水装置的安装质量

① 检查每个保护区的管网最不利点处是否设模拟末端试水装置、是否便于排水。

② 检查模拟末端试水装置的组成是否符合设计要求。

③ 检查模拟末端试水装置的出水是否采取孔口出流的方式排入排水管道。

④ 检查模拟末端试水装置的安装位置是否便于操作测试。

2. 检查自动跟踪定位射流灭火系统管道及附件的安装质量

（1）检查管道的安装质量

① 检查水平管道的安装，其坡度、坡向是否符合设计要求，当出现 U 形管时是否有放空措施。

② 检查立管是否用卡箍固定在支架上，卡箍的间距是否大于设计值。

③ 检查埋地管道隐蔽工程试验和验收记录资料是否齐全。

④ 检查管道安装位置、标高、水平度和垂直度等的偏差是否符合要求。

⑤ 检查管道支架和吊架的安装是否平整牢固，管墩的砌筑是否规整，其间距是否符合设计要求。

⑥ 检查穿过防火墙、楼板的管道是否安装套管，穿防火墙套管的长度是否小于防火墙的厚度，穿楼板套管的长度是否高出楼板 50mm，底部是否与楼板底面相平；管道与套管间的空隙是否采用防火材料封堵；管道穿过建筑物的变形缝时，是否采取保护措施。

⑦ 检查管道和设备的防腐、防冻措施是否到位。

（2）检查阀门的安装质量

① 检查自动控制阀、信号阀、手动检修阀等阀门是否按相关标准进行安装。

② 检查自动排气阀是否采取立式安装。

③ 检查放空阀是否安装在管道的最低处。

（3）检查水流指示器的安装质量

① 检查水流指示器的电气元件部位是否垂直安装在水平管道上侧，其动作方向是否与水流方向一致。

② 检查安装在吊顶内的水流指示器是否设有便于维修的检修口。

3. 检查自动跟踪定位射流灭火系统消防水泵、气压稳压装置、消防水池、高位消防水箱及消防水泵接合器的安装质量

检测方法见本系列教材湿式自动喷水灭火系统的相关内容。

4. 检查自动跟踪定位射流灭火系统电源、备用动力、电气设备及电气线路的安装质量

（1）检查电源、备用动力、电气设备的安装质量

① 检查供电电源是否采用消防电源、是否符合有关标准规定。

② 检查供电保护是否采用漏电保护开关、是否采用具有漏电报警功能的保护装置。

③ 检查电气设备的布置是否满足带电设备安全防护距离的要求、是否符合有关标准规定。

（2）检查电气线路的安装质量

① 检查系统的供电电缆和控制线缆是否采用耐火铜芯电线电缆、系统的报警信号线缆是否采用阻燃或阻燃耐火电线电缆。

② 检查强、弱电回路的布线是否使用同一根电缆，是否分别成束分开排列；不同电压等级的线路，是否穿在同一线管内或线槽的同一槽孔内。

③ 检查引入控制装置内的电缆及其芯线是否符合设计要求。

④ 检查系统内不同用途的导线是否采用不同的颜色、相同用途导线的颜色是否相同、导线的接线端是否有标号。

⑤ 使用500V兆欧表测量每个回路的导线绝缘电阻。弱电系统的导线对地、导线之间的绝缘电阻值不应小于20MΩ；强电系统的导线对地、导线之间的绝缘电阻值不应小于0.5MΩ。

5. 填写记录

根据实际情况，规范填写《建筑消防设施检测记录表》。

要点 121　测试自动跟踪定位射流灭火系统的工作压力、流量和联动控制功能

职业功能	工作内容	技能要求	相关知识要求	分项考点	分数	总分
5 设施检测	5.2 自动灭火系统检测	5.2.4能检查自动跟踪定位射流灭火系统的安装质量，测试系统的工作压力、流量和联动控制功能	5.2.4自动跟踪定位射流灭火系统施工验收要求	1. 测试自动跟踪定位射流灭火系统的工作压力和流量	0.3	0.8
				2. 测试自动跟踪定位射流灭火系统的联动控制功能	0.3	
				3. 填写记录	0.2	

一、操作准备

1. 技术准备

详细阅读项目图样资料，熟悉自动跟踪定位射流灭火系统组件及设施设备的规格、数量、分布位置等，熟悉系统组件及设施设备的功能、检测方法及注意事项。

2. 常备工具

便携式流量计、秒表、万用表、试验火源等。

289

3. 防护装备

安全防护装备，如安全带、防砸鞋、安全帽、绝缘手套、防水布等。

4. 实操设备

自动跟踪定位射流灭火演示系统、具有场景再现功能的演示系统或设备等。

5. 记录表格

《建筑消防设施检测记录表》。

二、操作步骤

1. 测试自动跟踪定位射流灭火系统的工作压力和流量

（1）测试自动跟踪定位射流灭火系统工作压力的操作步骤

① 检查自动跟踪定位射流灭火系统所有设施设备应处于待命状态。

② 选取需要同时开启射流喷水试验的灭火装置（自动消防炮灭火系统和喷射型自动射流灭火系统为 2 台灭火装置，喷洒型灭火系统根据设计确定），做好射流喷水试验区域的安全防护。

③ 操作需要同时开启射流喷水试验的灭火装置，调整喷射角度朝向预定喷水区域。

④ 启动消防水泵，打开喷水试验灭火装置对应的自动控制阀，灭火装置射流喷水。

⑤ 观察喷水试验灭火装置进水口处压力表，记录压力表读数，该压力值即为系统工作压力，正常应为系统设计工作压力。

（2）测试自动跟踪定位射流灭火系统流量的操作步骤

在消防水泵启动运行、灭火装置射流喷水的同时，利用安装在消防水泵出水管道上的流量计或便携式流量计测试消防水泵出水流量，记录流量计读数，该流量值即为系统流量，正常应为系统设计流量。

2. 测试自动跟踪定位射流灭火系统的联动控制功能

（1）测试消防水泵及稳压装置的启动、运行和联动控制功能

① 测试自动或手动方式启动消防水泵，消防水泵应在 55s 内投入正常运行。

② 测试备用电源切换方式或备用泵切换启动消防水泵，消防水泵应在 1min 内投入正常运行。

③ 启动消防水泵运行，观察消防水泵运行应正常，测量流量、压力应符合设计要求。

④ 测试稳压装置运行应正常。当管网压力达到稳压泵设计启泵压力时，稳压泵应立即启动；当管网压力达到稳压泵设计停泵压力时，稳压泵应自动停止运行；人为设置主稳压泵故障，备用稳压泵应立即启动；当消防水泵启动时，稳压泵应停止运行。

（2）测试自动控制阀和灭火装置的手动控制功能

① 使系统电源处于接通状态，系统控制主机、现场控制箱处于手动控制状态。

② 分别通过系统控制主机和现场控制箱，逐个手动操作每台自动控制阀的开启、关闭，观察自动控制阀的启、闭动作和反馈信号应正常。

③ 逐个手动操作每台灭火装置（自动消防炮和喷射型自动射流灭火装置）俯仰和水平回转，观察灭火装置的动作及反馈信号应正常，且在设计规定的回转范围内与周围构件应无触碰；进行自动控制阀开启、关闭功能试验，其启、闭动作，反馈信号等应符合设计要求。

④ 对具有直流/喷雾转换功能的灭火装置，逐个手动操作检验其直流/喷雾动作功能。

（3）测试系统主电源和备用电源的切换功能

测试方法参见本系列教材相关内容。

（4）测试模拟末端试水装置的联动控制功能

① 使系统处于自动控制状态。

② 在模拟末端试水装置探测范围内，放置油盘试验火，系统应能在规定时间内自动完成火灾探测、火灾报警并启动消防水泵，

打开该模拟末端试水装置的自动控制阀。

③ 观察检查，模拟末端试水装置出水的水压压力和流量应符合设计要求。

(5) 测试自动跟踪定位射流灭火系统的自动灭火功能

① 使系统处于自动控制状态。

② 在保护区内的任意位置上，放置1A级别火试模型，在火试模型预燃阶段使系统处于非跟踪定位状态。

③ 预燃结束，恢复系统的跟踪定位状态进行自动定位射流灭火。系统从自动射流开始，自动消防炮灭火系统、喷射型自动射流灭火系统应在5min内扑灭1A灭火级别的木垛火，喷洒型自动射流灭火系统应在10min内扑灭1A灭火级别的木垛火。火试模型、试验条件、试验步骤等应符合国家标准《手提式灭火器》（GB 4351）的规定。

④ 系统灭火完成后，应自动关闭自动控制阀，并采取人工手动停止消防水泵。

(6) 测试自动跟踪定位射流灭火系统的联动控制功能

① 在系统自动灭火功能测试试验中，当系统确认火灾后，声、光警报器应动作，火灾现场视频实时监控和记录应启动。

② 系统动作后，控制主机上的消防水泵、水流指示器、自动控制阀等的状态显示应正常。

③ 系统的火灾报警信息应传送给火灾自动报警系统，并应按设计要求完成有关消防联动功能。

3. 填写记录

根据检测结果，规范填写《建筑消防设施检测记录表》。

要点 122　检查固定消防炮
灭火系统的安装质量

职业功能	工作内容	技能要求	相关知识要求	分项考点	分数	总分
5 设施检测	5.2 自动灭火系统检测	5.2.5能检查固定消防炮灭火系统的安装质量，测试系统的工作压力、流量和联动控制功能	5.2.5固定消防炮灭火系统施工验收要求	1. 检查固定消防炮灭火系统消防炮的安装质量	0.3	1.5
				2. 检查固定消防炮灭火系统泡沫比例混合装置与泡沫液罐的安装质量	0.3	
				3. 检查固定消防炮灭火系统干粉罐与氮气瓶组的安装质量	0.3	
				4. 检查固定消防炮灭火系统消防炮塔的安装质量	0.3	
				5. 填写记录	0.3	

一、操作准备

1. 技术准备

详细阅读项目图样资料，熟悉固定消防炮灭火系统组件及设施设备的规格、数量、分布位置等，熟悉系统组件及设施设备的功能、检查方法及注意事项。

2. 常备工具

卷尺、万用表、兆欧表等。

3. 防护装备

安全防护装备，如安全带、防砸鞋、安全帽、绝缘手套等。

4. 实操设备

固定消防炮灭火演示系统、具有场景再现功能的演示系统或设备等。

5. 记录表格

《建筑消防设施检测记录表》。

二、操作步骤

1. 检查固定消防炮灭火系统消防炮的安装质量

（1）检查消防炮基座上供灭火剂的立管是否固定可靠。

（2）检查消防炮的固定是否牢固。

（3）检查消防炮是否在其设计规定的水平和俯仰回转范围内、是否与周围的构件碰撞。

（4）检查消防炮连接的电、液、气管线是否安装牢固，是否干涉回转机构。

2. 检查固定消防炮灭火系统泡沫比例混合装置与泡沫液罐的安装质量

（1）检查泡沫液罐的安装位置和高度是否符合设计要求。

（2）检查常压泡沫液罐的安装和防腐措施是否符合设计要求。

（3）检查压力式泡沫液罐的安装支架是否与基础牢固固定、配管和附件是否完好、罐的安全阀出口是否朝向操作面。

（4）检查设置在室外的泡沫液罐安装是否符合设计要求，是否根据环境条件采取防晒、防冻、防腐等措施。

（5）检查压力式比例混合装置与管道连接处的安装是否严密。

（6）检查泡沫比例混合装置的标注方向是否与液流方向一致。

（7）检查平衡式泡沫比例混合装置的安装是否符合设计和产品要求。

3. 检查固定消防炮灭火系统干粉罐与氮气瓶组的安装质量

（1）检查安装在室外的干粉罐和氮气瓶组是否根据环境条件设置防晒、防雨等防护设施。

（2）检查干粉罐和氮气瓶组的安装位置和高度是否符合设计要求。

（3）检查氮气瓶组安装是否能够防止氮气误喷射。

（4）检查干粉罐和氮气瓶组的连接管道是否采取防腐处理措施。

（5）检查干粉罐和氮气瓶组的支架是否固定牢固、是否采取防腐处理措施。

4. 检查固定消防炮灭火系统消防炮塔的安装质量

（1）检查安装消防炮塔的地面基座是否稳固。

（2）检查消防炮塔与地面基座的连接是否固定可靠。

（3）检查消防炮塔的起吊定位现场是否有足够空间。

（4）检查消防炮塔是否采取相应的防腐措施。

（5）检查消防炮塔是否做好防雷接地。

5. 填写记录

根据检查结果，规范填写《建筑消防设施检测记录表》。

要点 123 测试固定消防炮灭火系统的工作压力和流量、性能和联动控制功能

职业功能	工作内容	技能要求	相关知识要求	分项考点	分数	总分
5 设施检测	5.2 自动灭火系统检测	5.2.5 能检查固定消防炮灭火系统的安装质量，测试系统的工作压力、流量和联动控制功能	5.2.5 固定消防炮灭火系统施工验收要求	1. 测试固定消防炮灭火系统的工作压力和流量	0.3	1.8
				2. 测试固定消防炮灭火系统消防炮的性能	0.3	
				3. 测试固定消防炮灭火系统泡沫比例混合装置的性能	0.3	
				4. 测试固定消防炮灭火系统的喷射功能	0.3	
				5. 测试固定消防炮灭火系统的联动控制功能	0.3	
				6. 填写记录	0.3	

一、操作准备

1. 技术准备

详细阅读项目图样资料，熟悉固定消防炮灭火系统组件及设施设备的规格、数量、分布位置等，熟悉系统组件及设施设备的功能、检测方法及注意事项。

2. 常备工具

便携式流量计、秒表、万用表、手持折射仪或手持导电率测量仪、泡沫发泡倍数测试专用仪器等。

3. 防护装备

安全防护装备，如安全带、防砸鞋、安全帽、绝缘手套等。

4. 实操设备

固定消防炮灭火演示系统、具有场景再现功能的演示系统或设备等。

5. 记录表格

《建筑消防设施检测记录表》。

二、操作步骤

1. 测试固定消防炮灭火系统的工作压力和流量

（1）按系统设计要求，启动消防泵组在设计负荷下运行，开启消防水炮、消防泡沫炮进行喷射试验，观察水泵出口压力表，记录压力表读数，即为消防泵组的出水压力；观察消防炮进口压力表，记录压力表读数，即为消防炮的工作压力。核查测量值是否满足要求。

（2）利用安装在消防泵组出水管道上的流量计或便携式流量计测试水泵出水流量，记录流量计读数，该流量值即为消防泵组的出水流量。核查测量值是否满足要求。

2. 测试固定消防炮灭火系统消防炮的性能

（1）对消防水炮和消防泡沫炮进行喷水试验和喷射泡沫试验，检查其喷射压力、仰俯角度、水平回转角度等指标是否符合设计要求。

（2）对消防干粉炮进行喷射干粉试验，检查其喷射压力、喷射时间、仰俯角度、水平回转角度等指标是否符合设计要求。

3. 测试固定消防炮灭火系统泡沫比例混合装置的性能

（1）启动消防泵组和泡沫比例混合装置，打开消防泡沫炮进行喷射泡沫液试验。

（2）用流量计测量泡沫比例混合装置的泡沫混合液流量，用手持折射仪或手持导电率测量仪测量泡沫混合液的混合比。检查测试结果是否符合设计要求。

4. 测试固定消防炮灭火系统的喷射功能

（1）测试消防水炮灭火系统的喷射功能

① 启动消防泵组，打开消防水炮进口控制阀。

② 分别通过消防炮回转手柄（手轮）和控制装置操作消防水炮对保护范围进行喷水试验。

③ 用秒表测量系统自接到启动信号至水炮炮口开始喷水的时间，其值不应大于 5min；用尺测量消防水炮射程，检查是否符合设计要求。

（2）测试消防泡沫炮灭火系统的喷射功能

① 启动消防泵组和泡沫比例混合装置，打开消防泡沫炮进口控制阀。

② 分别通过消防炮回转手柄（手轮）和控制装置操作消防泡沫炮对保护范围进行喷射泡沫试验。

③ 用秒表测量系统自接到启动信号至泡沫炮炮口开始喷射泡沫的时间，其值不应大于 5min，且持续喷射泡沫的时间应大于 2min；用尺测量消防泡沫炮射程，检查其值是否符合设计要求。

④ 测量泡沫混合液的混合比、泡沫发泡倍数、泡沫析液时间是否符合设计要求。

（3）测试消防干粉炮灭火系统的喷射功能

① 启动氮气瓶组，以氮气代替干粉，进行消防干粉炮喷射试验。

② 分别通过消防炮回转手柄（手轮）和控制装置操作消防干粉炮对保护范围进行喷射试验。

③ 用秒表测量系统自接到启动信号至干粉炮炮口开始喷射干粉的时间，其值不应大于 2min，且持续喷射干粉的时间应大于60s；检查其各项性能指标均是否达到设计要求。

5. 测试固定消防炮灭火系统的联动控制功能

（1）接通系统电源，使待检联动控制单元的被控设备均处于自动状态。

（2）按下对应的联动启动按钮，测试该单元是否能按设计要求自动启动消防泵组。打开阀门等相关设备，直至消防炮喷射灭火剂或水幕保护系统出水，测试该单元设备的动作与信号反馈是否符合设计要求。

（3）对具有自动启动功能的联动单元，采用对联动单元的相关探测器输入模拟启动信号后，测试该单元是否能按设计要求自动启动消防泵组，打开阀门等相关设备，直至消防炮喷射灭火剂或水幕保护系统出水。

（4）检查各联动单元被控设备的动作与信号反馈是否符合设计要求。

6. 填写记录

根据检测结果，规范填写《建筑消防设施检测记录表》。

要点 124　检查电气火灾监控系统的安装质量

职业功能	工作内容	技能要求	相关知识要求	分项考点	分数	总分
5 设施检测	5.3 其他消防设施检测	5.3.1能检查电气火灾监控系统的安装质量，测试系统的探测报警功能	5.3.1电气火灾监控系统的检查、测试方法	1. 电气火灾监控设备安装质量检查	0.3	0.9
				2. 监控探测器安装质量检查	0.3	
				3. 填写记录	0.3	

一、操作准备

1. 技术资料

电气火灾监控系统图、电气火灾探测器平面布置图、产品使用说明书和设计安装手册等技术资料。

2. 常备工具

卷尺、万用表、兆欧表等。

3. 防护装备

安全防护装备，如安全带、防砸鞋、安全帽、绝缘手套等。

4. 实操设备

电气火灾监控演示系统、具有场景再现功能的演示系统或设备等。

5. 记录表格

《建筑消防设施检测记录表》。

二、操作步骤

1. 电气火灾监控设备安装质量检查

（1）现场环境检查

检查电气火灾监控器安装环境是否干燥、通风是否良好。

（2）监控设备安装质量检查

① 检查设备安装的牢固性。

② 落地安装时用米尺测量设备底边距地（楼）面高度是否大于 0.1m。

③ 采用壁挂方式安装时用米尺测量其靠近门轴的侧面距墙是否大于 0.5m、正面操作距离是否大于 1.2m。

（3）监控设备引入线缆

① 检查配线是否整齐、无交叉、固定牢靠。

② 检查线缆芯线的端部编号是否与图样一致，字迹是否清晰且不易褪色。

③ 检查端子板的接线端接线是否超过 2 根。

④ 检查线缆是否留有不小于 200mm 的余量。

⑤ 检查线缆是否绑扎成束。

⑥ 检查线缆管口、槽口是否封堵。

（4）监控设备电源连接

检测内容和方法见本系列教材相关内容。

（5）监控设备蓄电池安装

检测内容和方法见本系列教材相关内容。

（6）监控设备接地

检查设备的接地牢固性，是否有明显的永久性标志。

2. 监控探测器安装质量检查

（1）现场环境检查

检查电气火灾监控器的安装环境是否干燥、通风是否良好。

（2）监控探测器主机安装质量检查

① 检查在探测器周围是否适当留出更换和标定的空间。

② 检查剩余电流式探测器负载侧的中性线是否与其他回路共用、是否重复接地。

③ 检查测温式探测器是否采用产品配套固定装置固定在保护对象上。

（3）监控探测器的传感器安装质量检查

① 检查传感器与裸带电导体是否保证安全距离、金属外壳的传感器是否有安全接地。

② 检查传感器安装的牢固性，是否采取防潮、防腐蚀等措施。

③ 检查传感器输出回路连接线是否为双绞铜芯导线，其截面积是否不小于 $1.0mm^2$，其是否留有不小于 150mm 的余量，其端部是否有明显标志。

④ 检查传感器的安装是否破坏被监控线路的完整性、是否增加线路接点。

3. 填写记录

根据检查结果，规范填写《建筑消防设施检测记录表》。

要点 125　测试电气火灾监控系统的探测报警功能

职业功能	工作内容	技能要求	相关知识要求	分项考点	分数	总分
5 设施检测	5.3 其他消防设施检测	5.3.1能检查电气火灾监控系统的安装质量，测试系统的探测报警功能	5.3.1电气火灾监控系统的检查、测试方法	1. 监控探测器的监测报警功能	0.3	0.9
				2. 测试监控设备的报警功能	0.3	
				3. 填写记录	0.3	

一、操作准备

1. 技术资料

电气火灾监控系统图、电气火灾探测器平面布置图、产品使用说明书和设计安装手册等技术资料。

2. 常备工具

卷尺、万用表、兆欧表等。

3. 防护装备

安全防护装备，如安全带、防砸鞋、安全帽、绝缘手套等。

4. 实操设备

电气火灾监控演示系统、具有场景再现功能的演示系统或设备等。

5. 记录表格

《建筑消防设施检测记录表》。

二、操作步骤

1. 监控探测器的监测报警功能

（1）剩余电流式电气火灾监控探测器监控报警功能

① 调节剩余电流发生器，模拟探测器监测区域的剩余电流达到报警设定值时，观察探测器的报警确认灯是否在 30s 内点亮并保持。

② 观察监控设备是否发出监控报警声、光信号，并记录报警时间。

③ 查询监控设备的监控报警信息，核实发出监控报警信号的部件号和地址注释信息是否与实际发生一致。

（2）测温式电气火灾监控探测器监控报警功能

① 操作温式热风机，模拟探测器监测区域的温度达到报警设定值时，观察探测器的报警确认灯是否在 40s 内点亮并保持。

② 观察监控设备是否发出监控报警声、光信号，并记录报警时间。

③ 查询监控设备的监控报警信息，核实发出监控报警信号的部件号和地址注释信息是否与实际发生一致。

（3）故障电弧探测器监控报警功能

① 操作故障电弧模拟发生装置 1s 内产生故障电弧 12 个，观察探测器的报警确认灯是否在 30s 内点亮并保持。

② 操作故障电弧模拟发生装置 1s 内产生故障电弧 15 个，观察探测器的报警确认灯是否在 30s 内点亮并保持。

③ 观察监控设备是否发出监控报警声、光信号，并记录报警时间。

④ 查询监控设备的监控报警信息，核实发出监控报警信号的部件号和地址注释信息是否与实际发生一致。

2. 测试监控设备的报警功能

模拟探测器发出报警信号后，观察监控设备是否在 10s 内发出监控报警声、光信号，并记录报警时间。

查询监控设备是否显示发出报警信号部件的地址注释信息。

3. 填写记录

根据检测结果，规范填写《建筑消防设施检测记录表》。

要点 126　检查可燃气体探测报警系统的安装质量

职业功能	工作内容	技能要求	相关知识要求	分项考点	分数	总分
5 设施检测	5.3 其他消防设施检测	5.3.2 能检查可燃气体探测报警系统的安装质量，测试系统的探测报警功能	5.3.2 可燃气体探测报警系统的检查、测试方法	1. 现场环境检查	0.3	1.5
				2. 探测器安装位置检查	0.3	
				3. 报警控制器安装位置检查	0.3	
				4. 安装质量检查	0.3	
				5. 填写记录	0.3	

一、操作准备

1. 技术资料

可燃气体探测报警系统图、可燃气体探测器平面布置图、产品使用说明书和设计安装手册等技术资料。

2. 常备工具

卷尺、万用表、兆欧表等。

3. 防护装备

安全防护装备，如安全带、防砸鞋、安全帽、绝缘手套等。

4. 实操设备

可燃气体探测报警演示系统、具有场景再现功能的演示系统或设备等。

5. 记录表格

《建筑消防设施检测记录表》。

二、操作步骤

1. 现场环境检查

通过现场观测、核查资料，明确现场最小频率风向、可能发生泄漏的部位及可能泄漏的气体种类。

2. 探测器安装位置检查

根据现场环境风向、可能发生泄漏的部位、可能泄漏的气体种类及其与空气之间的密度对比等因素，通过核查探测器产品说明书，并进行现场观察，检查探测器安装位置是否符合要求。

3. 报警控制器安装位置检查

检查可燃气体报警控制器的设置位置、安装高度、距墙距离、操作距离是否符合要求。对照图样，现场观察检查探测器安装数量是否符合要求。

4. 安装质量检查

检查可燃气体报警控制器、探测器、声光警报器、电源箱安装是否牢固，有无松动现象，机箱是否做好接地保护。

5. 填写记录

根据检测情况，规范填写《建筑消防设施检测记录表》。

要点 127 测试可燃气体探测报警系统的探测报警功能

职业功能	工作内容	技能要求	相关知识要求	分项考点	分数	总分
5 设施检测	5.3 其他消防设施检测	5.3.2能检查可燃气体探测报警系统的安装质量，测试系统的探测报警功能	5.3.2可燃气体探测报警系统的检查、测试方法	1. 设定检查	0.3	2.1
				2. 释放气体	0.3	
				3. 检查报警信号发生情况	0.3	
				4. 检查报警控制器报警情况	0.3	
				5. 复位后报警功能检查	0.3	
				6. 恢复	0.3	
				7. 填写记录	0.3	

一、操作准备

1. 技术资料

可燃气体探测报警系统图、可燃气体探测器平面布置图、产品使用说明书和设计安装手册等技术资料。

2. 常备工具

卷尺、万用表、兆欧表等。

3. 防护装备

安全防护装备，如安全带、防砸鞋、安全帽、绝缘手套等。

4. 实操设备

可燃气体探测报警演示系统、具有场景再现功能的演示系统或设备等。

5. 记录表格

《建筑消防设施检测记录表》。

二、操作步骤

1. 设定检查

检查可燃气体报警控制器高限、低限报警功能及控制输出点数及手动直接控制按钮（键）的设置是否符合要求。

2. 释放气体

利用导管、标定罩从标准气体气瓶中取样，使用标定罩向可燃气体探测器释放其应响应的气体。

3. 检查报警信号发生情况

检查可燃气体探测器发出报警信号的情况并记录报警响应时间。

4. 检查报警控制器报警情况

可燃气体探测器发出报警信号后，观察并记录可燃气体控制器发出可燃气体报警声、光信号（包括报警总指示、部位指示等）情况和控制输出接点动作及计时、打印情况。同时检查可燃气体控制器消音功能、可燃气体报警声信号再启动功能和可燃气体报警信息显示功能。

5. 复位后报警功能检查

保持可燃气体探测器发出报警信号，手动复位可燃气体报警控制器，20s 后检查可燃气体报警控制器是否再次发出报警声、光信号。

6. 恢复

停止测试气体的释放，开启通风措施，消除试验部位气体，至所有可燃气体探测器不再发出可燃气体报警信号。手动复位可燃气体报警控制器，20s后检查可燃气体报警控制器的指示情况。

7. 填写记录

根据检测情况，规范填写《建筑消防设施检测记录表》。

要点 128　消防控制室应急操作预案

职业功能	工作内容	技能要求	相关知识要求	分项考点	分数	总分
6 技术管理和培训	6.1 管理消防控制室	6.1.1 能编制和组织实施消防控制室的应急操作预案	6.1.1 消防控制室应急操作预案的编制方法	1. 消防控制室应急操作预案的概念和特点	0.5	3
				2. 消防控制室应急操作预案的内容	0.5	
				3. 消防控制室应急操作预案的编制方法	0.5	
			6.1.1 消防控制室应急操作预案的组织实施方法	1. 消防控制室应急操作预案的评估论证	0.5	
				2. 消防控制室应急操作预案的演练	0.5	
				3. 消防控制室应急操作预案的贯彻实施	0.5	

【考评重点】

熟练掌握消防控制室应急操作预案的编制方法。

掌握消防控制室应急操作预案的组织实施方法。

【知识要求】

一、消防控制室应急操作预案的编制方法

1. 消防控制室应急操作预案的概念和特点

应急预案是指针对可能发生的事故，为迅速、有序地开展应急行动而预先制定的行动方案。消防控制室应急操作预案是指消防控制室在发生火灾以后，为迅速、有序地开展灭火救援行动，启动消防设施而预先制定的行动方案。消防控制室应急操作预案是一种现场处置方案，现场处置方案与其他预案相比，重点突出应急处置程序、应急处置要点、注意事项等内容。预案应根据火灾风险评估、岗位操作规程以及危险性控制措施，组织消防控制室消防设施操作员及其他现场作业人员进行编制，做到现场作业人员应知应会、熟练掌握，并经常进行演练。

2. 消防控制室应急操作预案的内容

消防控制室应急操作预案的主要内容包括火灾分析、工作职责、应急程序、注意事项四个部分。

（1）火灾分析

主要包括消防控制室所在建筑物的特点、人员密集程度和消防设施种类三个方面。例如，高层建筑与单、多层建筑以及地下建筑在火灾事故发生以后，有不同的特点；使用功能不同的建筑物，发生火灾以后的疏散要求也有所不同；不同的消防设施，其联动触发信号、火灾确认的方式也有所差异。

（2）工作职责

主要是指根据工作岗位、组织形式及人员构成，明确岗位人员的应急工作分工和职责。作为消防控制室值班人员，应实行每日24h专人值班制度，每班不应少于2人，值班人员应持有消防设施操作员职业资格证书；消防设施日常维护管理应符合国家标准《建筑消防设施的维护管理》（GB 25201—2010）的要求；应确保火灾

自动报警系统、灭火系统和其他联动控制设备处于正常工作状态，不得将应处于自动状态的设备设在手动状态；应确保高位消防水箱、消防水池、气压水罐等消防储水设施水量充足，确保消防泵出水管阀门、自动喷水灭火系统管道上的阀门常开；确保消防水泵、防排烟风机、防火卷帘等消防用电设备的配电柜启动开关处于自动位置（通电状态）。除此以外，消防安全责任人、消防安全管理人的职责应符合消防法及有关法律法规的规定。

（3）应急程序

消防控制室值班人员接到报警信号后，应按下列程序进行处理：

① 接到火灾报警信息后，应以最快方式确认。

② 确认属于误报时，查找误报原因并规范填写《建筑消防设施故障维修记录表》。

③ 确认火灾后，立即将火灾报警联动控制开关转入自动状态（处于自动状态的除外），同时拨打"119"火警电话报警，报警时应说明着火单位地点、起火部位、着火物种类、火势大小、报警人姓名和联系电话。

④ 立即启动单位内部灭火和应急疏散预案，同时报告单位消防安全责任人，单位消防安全责任人接到报告后应立即赶赴现场。

（4）注意事项

其主要包括：

① 佩戴个人防护器具方面的注意事项。

② 使用抢险救援器材方面的注意事项。

③ 采取救援对策或措施方面的注意事项。

④ 现场自救和互救的注意事项。

⑤ 现场应急处置能力确认和人员安全防护等事项。

⑥ 应急救援结束后的注意事项。

⑦ 其他需要特别警示的事项。

3. 消防控制室应急操作预案的编制方法

消防控制室应急操作预案的编制，主要分为以下几个步骤：

（1）成立组织

结合本单位部门分工和职能，成立以单位消防安全责任人为组长、相关部门人员参加的应急预案编制工作组，明确编制任务、职责分工，制订工作计划，组织开展预案编制工作。

（2）资料收集

包括法律法规、技术标准、消防设施竣工图样、各分系统控制逻辑关系说明、设备使用说明书、系统操作规程、值班制度、维护保养制度及值班记录等文件资料。

（3）现状评估

主要是指分析可能发生的火灾事故及其危害程度和影响范围，同时从消防设施操作人员数量、微型消防站队员数量、消防设施设置情况、消防装备器材配置情况等方面对消防控制室的应急能力进行客观评估。

（4）编制预案

依据风险评估结果组织编制应急预案。预案编制应注重预案的系统性和可操作性，做到与上级主管部门、地方政府及相关部门的预案相衔接。

消防控制室应急操作预案的格式应符合以下要求：封面主要包括预案编号、预案版本号、单位名称、预案名称、编制单位名称、颁布日期等内容；批准页载明单位主要负责人批准的签名。预案应设置目次，目次中所列的内容及次序为批准页；章的编号、标题；带有标题的条的编号、标题（需要时列出）；附件，用序号表明其顺序。预案推荐采用 A4 版面印刷，活页装订。

二、消防控制室应急操作预案的组织实施方法

1. 消防控制室应急操作预案的评估论证

预案编制完成后，应进行评审或论证。评审分为内部评审和外部评审。内部评审或论证由本单位主要负责人组织有关部门和人员进行。外部评审由本单位组织有关专家或技术人员进行。生产规模小、危险因素少的生产经营单位可以通过演练对应急预案进行论

证。应急预案评审或论证合格后，按照有关规定进行备案，由消防安全责任人签发实施。

2. 消防控制室应急操作预案的演练

火灾事故往往具有突发性，为了能在最短时间内最大限度地减少人员伤亡和财产损失，就必须快速反应，利用一切资源协调一致行动，及时采取有效措施进行处置。消防演练是指按照预案进行实际的操作演练，增强单位有关人员的消防安全意识，熟悉消防设施、器材的位置和使用方法，同时也有利于及时发现问题、完善预案。演练目的主要包括检验预案、锻炼队伍、磨合机制、宣传教育、完善准备等方面

3. 消防控制室应急操作预案的贯彻实施

火灾事故发生以后，能否正确贯彻落实消防控制室应急操作预案，依赖于消防设施操作员长期工作过程中对预案的理解和掌握。以将火灾报警联动控制开关转入自动状态为例，大量火灾事故都证明在火灾发生的初期，由于消防设施操作员心情紧张、对消防联动控制器操作不熟练而导致操作失败或者操作不及时，很大程度上影响了初期火灾的处置效果，影响了自动消防设施应具有功能的发挥。这就要求消防设施操作员在持证上岗以后，要进一步熟练单位消防设施的操作方法，将消防控制室应急操作预案烂熟于心，以确保在火灾发生后正确操作、及时处置。

要点 129　建立消防控制室台账和档案

职业功能	工作内容	技能要求	相关知识要求	分项考点	分数	总分
6 技术管理和培训	6.1 管理消防控制室	6.1.2 能建立、更新消防控制室台账和档案	6.1.2 消防控制室台账的分类方法	1. 消防档案的建立与管理及主要内容	1	3
				2. 消防控制室资料管理要求	0.5	
				3. 消防控制室值班记录的要求	0.5	
				4. 建筑消防设施档案建立与管理要求	1	

【考评重点】

熟悉并掌握消防控制室台账和档案的建立、更新工作。

【知识要求】

一、消防档案的建立与管理

建立消防档案是保障单位消防安全管理工作以及各项消防安全措施落实的基础工作。通过档案对各项消防安全工作情况的记载，可以检查单位相关岗位人员履行消防安全职责的情况，强化单位消防安全管理工作的责任意识，有利于推动单位的消防安全管理工作朝着规范化、制度化的方向发展。

《中华人民共和国消防法》第十七条规定，建立消防档案是消防安全重点单位应当履行的消防安全职责之一。《机关、团体、企业、事业单位消防安全管理规定》第八章就消防档案做了明确规定。

1. 建立消防档案的范围

根据《机关、团体、企业、事业单位消防安全管理规定》的有关规定，消防安全重点单位应当建立健全消防档案；其他单位应当将本单位的基本概况、消防救援机构填发的各种法律文书及与消防工作有关的材料和记录等统一保管备查。

2. 消防档案的主要内容

消防档案应包括消防安全基本情况和消防安全管理情况，消防档案应当翔实、全面反映单位消防工作的基本情况，并附有必要的图表，根据情况变化及时更新。

（1）消防安全基本情况

① 单位基本概况和消防安全重点部位情况。

② 建筑物或者场所施工、使用或开业前的消防设计审核、消防验收及消防安全检查的文件、资料。

③ 消防管理组织机构和各级消防安全责任人。

④ 消防安全制度。

⑤ 消防设施、灭火器材情况。

⑥ 专职消防队、志愿消防队人员及其消防装备配备情况。

⑦ 与消防安全有关的重点工种人员情况。

⑧ 新增消防产品、防火材料的合格证明材料。

⑨ 灭火和应急疏散预案。

（2）消防安全管理情况

① 消防机构填发的各种法律文书。

② 消防设施定期检查记录、自动消防设施全面检查测试的报

告以及维修保养的记录。

③ 火灾隐患及其整改情况记录。

④ 防火检查、巡查记录。

⑤ 有关燃气、电气设备检测（包括防雷、防静电）等记录资料。

⑥ 消防安全培训记录。

⑦ 灭火和应急疏散预案的演练记录。

⑧ 火灾情况记录。

⑨ 消防奖惩情况记录。

上述规定中的第2)、3)、4)、5)项记录应当注明检查的人员、时间、部位、内容、发现的火灾隐患及处理措施等；第6)项记录应当注明培训的时间、参加人员、内容等；第7)项记录应当注明演练的时间、地点、内容、参加部门及人员等。

二、消防控制室资料管理要求

消防控制室内应保存下列纸质和电子档案资料：

（1）建（构）筑物竣工后的总平面布局图、建筑消防设施平面布置图、建筑消防设施系统图及安全出口布置图、重点部位位置图等。

（2）消防安全管理规章制度、应急灭火预案、应急疏散预案等。

（3）消防安全组织结构图，包括消防安全责任人、管理人、专职消防人员等内容。

（4）消防安全培训记录、灭火和应急疏散预案的演练记录。

（5）值班情况、消防安全检查情况及巡查情况的记录。

（6）消防设施一览表，包括消防设施的类型、数量、状态等内容。

（7）消防系统控制逻辑关系说明、设备使用说明书、系统操作规程、系统和设备维护保养制度等。

（8）设备运行状况、接报警记录、火灾处理情况、设备检修检测报告等资料。这些资料应定期保存和归档。

三、消防控制室值班记录的要求

1. 消防值班记录主要内容

（1）《消防控制室值班记录表》——用于消防设施操作员日常值班时记录火灾报警控制器日运行情况及火灾报警控制器日检查情况。

（2）《建筑消防设施巡查记录表》——用于消防系统维护人员日常记录消防设施工作状态、外观等的巡查情况。

（3）《建筑消防设施月度检查记录表》——用于消防设施操作员每月记录消防设施各项功能的实测结果。

（4）《建筑消防设施故障处理记录表》——用于消防设施操作员在消防控制室值班、建筑消防设施巡查或建筑消防设施月度检查过程中记录发现的不能当场处理的问题。

2. 记录的填写方法

《消防控制室值班记录表》《建筑消防设施巡查记录表》《建筑消防设施月度检查记录表》及《建筑消防设施故障处理记录表》是值班工作的文字反映，可以真实详细地反映各系统的工作情况。

值班人员应按各种记录表规定的栏目的要求填写，不得从简。填写记录应字迹清楚、端正，不得乱画乱涂，错别字可以擦去或用"/"符号。记录的签名不得只签姓，必须签全名。

四、建筑消防设施档案建立与管理要求

1. 档案内容

建筑消防设施档案至少包含下列内容：

（1）消防设施基本情况

主要包括消防设施的验收意见，产品、系统使用说明书，系统调试记录，消防设施平面布置图，系统图等原始技术资料。

（2）消防设施动态管理情况

主要包括消防设施的值班记录、巡查记录、检测记录、故障维修记录以及维护保养计划表、维护保养记录、消防控制室值班人员

基本情况档案及培训记录等。

2. 保存期限

消防设施施工安装、竣工验收及验收技术检测等原始技术资料应长期保存，《消防控制室值班记录表》和《建筑消防设施巡查记录表》的存档时间应不少于一年，《建筑消防设施检测记录表》《建筑消防设施故障维修记录表》《建筑消防设施维护保养计划表》《建筑消防设施维护保养记录表》的存档时间应不少于五年。

要点 130　上传消防安全管理信息

职业功能	工作内容	技能要求	相关知识要求	分项考点	分数	总分
6 技术管理和培训	6.1 管理消防控制室	6.1.3 能使用消防控制室图形显示装置上传消防安全管理信息	6.1.3 消防控制室图形显示装置上传消防安全管理信息的操作方法	1. 安装程序并注册	0.5	3
				2. 上传信息	1	
				3. 上传文件	1	
				4. 填写记录	0.5	

【考评重点】

掌握利用消防控制室图形显示装置上传消防安全管理信息。消防安全管理信息主要包括单位基本情况、消防设施信息、安全检查情况、火灾信息等。通过对消防安全管理信息的监视与管理,可加强消防部门对单位的监督及管理,同时也可提高企事业单位消防安全管理水平及火灾预防能力,所以消防安全管理信息具有十分重要的意义。

【技能操作】

使用消防控制室图形显示装置上传消防安全管理信息。

一、操作准备

1. 技术资料

火灾探测报警系统图、火灾探测器平面布置图地址编码表、单位消防安全管理信息电子档案、消防控制室图形显示装置使用说明书和安装手册等技术资料。

2. 实操准备

集中型火灾自动报警演示系统。

3. 记录表格

《消防控制室值班记录表》

二、操作步骤

1. 安装程序并注册

通信服务器程序和火灾报警监控图形显示程序默认为开机后自动运行。

2. 上传信息

以城市火灾监控平台为例，上传单位基本情况、建筑信息、消防设施情况等其他消防安全管理信息。

3. 上传文件

包括消防控制室管理机构文件、系统竣工图样文件、设备使用说明文件、系统操作规程文件、值班制度文件、设备维护保养制度文件等。

4. 填写记录

根据实际情况，规范填写《消防控制室值班记录表》。

要点 131　消防理论知识培训的内容和方法

职业功能	工作内容	技能要求	相关知识要求	分项考点	分数	总分
6 技术管理和培训	6.2 开展消防培训	6.2.1能对四级/中级工及以下级别人员进行理论知识培训	6.2.1本职业四级/中级工及以下级别人员理论知识培训的内容和方法	1. 讲授法	1.5	3
				2. 谈话法	1.5	

【培训重点】

掌握《消防设施操作员国家职业技能标准》关于消防设施操作员"基本知识"的具体内容。

掌握《消防设施操作员国家职业技能标准》对五级/初级工、四级/中级工消防设施操作员"相关知识要求"的具体内容。

熟练掌握五级/初级工、四级/中级工消防设施操作员理论知识培训的方法。

【知识要求】

一、《消防设施操作员国家职业技能标准》对职业道德和基础知识的要求

《消防设施操作员国家职业技能标准》对消防设施操作员"基

323

础知识"的要求分为两大方面，一方面是职业道德，另一方面是基础知识。其中基础知识又分为消防工作概述、燃烧和火灾基本知识、建筑防火基本知识、电气消防基本知识、消防设施基本知识、初起火灾处置知识、计算机基础知识、相关法律法规知识 8 个部分。

职业道德是指从业人员在职业活动中应遵循的基本观念、意识、品质和行为的要求，即一般社会道德以及工匠精神和敬业精神在职业活动中的具体体现，主要包括职业道德基本知识和职业守则两部分。《消防设施操作员国家职业技能标准》规定消防设施操作员职业守则的内容是：以人为本，生命至上；忠于职守，严守规程；钻研业务，精益求精；临危不乱，科学处置。

基础知识是指从业人员在职业活动中应掌握的通用基本理论知识、安全知识、环境保护知识、有关法律法规知识等。基础知识是所有级别消防设施操作员均需熟练掌握的内容，也是三级/高级工消防设施操作员对五级/初级工、四级/中级工消防设施操作员进行培训的重点。

二、《消防设施操作员国家职业技能标准》五级/初级工、四级/中级工消防设施操作员"相关知识要求"的具体内容

在《消防设施操作员国家职业技能标准》中，相关知识要求是指达到每项技能要求必备的知识。相关知识要求应与技能要求相对应，是具体的知识点，而不是宽泛的知识领域。例如，《消防设施操作员国家职业技能标准》要求四级/中级工消防设施操作员能判断火灾自动报警系统的工作状态，与之相关知识要求为"火灾自动报警系统工作状态的判断方法"。掌握相关知识要求是实现技能的前提和保证，也是三级/高级工消防设施操作员理论培训的重点环节。三级/高级工消防设施操作员应对五级/初级工、四级/中级工消防设施操作员"相关知识"要求部分的具体内容熟练掌握，具体的内容可参照《消防设施操作员国家职业技能标准》。

三、五级/初级工、四级/中级工消防设施操作员理论培训的方法

1. 备课

教员进行教学工作的基本程序是备课、上课、作业设计、学习辅导、教学评价。教学工作以上课为中心环节，备课是教员教学工作的起始环节，是上好课的先决条件。

（1）钻研教材

钻研教材包括研读《消防设施操作员国家职业技能标准》（以下简称《标准》）和阅读参考资料。《标准》是教材编写、培训教学、鉴定考试的依据，其中明确规定了各等级消防设施操作员的相关知识和技能要求。教员要使自己的教学有方向、有目标、有效果，就必须熟读《标准》、研究《标准》。

教材是教员备课和上课的主要依据，教员备课，必须先通读教材，了解全书知识的基本结构体系，分清重点章节和各章节知识内容的重点、难点及其关系；再深入具体到每一节课，准确地把握每一节课的教学目标和教学内容，设计和安排教学活动和教学过程。

教员在备课时，要阅读相关参考资料。教员要善于将自己阅读时的所思、所想增补到教学日志中，以丰富自己的教学资源。教员要由"教教材"转为"用教材教"，把教材当成一种手段，通过这种手段去达到教学目标。因为教材只是把知识结构呈现出来，确定了一部分教学任务，但教员理解、整合教学内容应该是有变化的。总之，钻研教材时既要尊重教材，又不能局限于教材；既要灵活运用教材，又要根据培训机构、学员实际情况对教材进行创造性的应用，切实发挥教材的作用。

（2）了解学员

教员只有认真地了解学员，才能有效地将教学内容和学员的实际联系起来，才能真正做到因材施教。了解学员包括了解学员的知识基础、认知特点、能力基础以及工作经验等。

2. 制订教学计划

精心安排课程，是成为一个优秀教员必备的技能之一。安排课程表，需要教员通读教材，了解教材各项目和单元所占的比重；需要教员熟悉业务，了解实操在整个教学过程中的比重和不同项目的难易度。相对较难的项目，所占的授课时间相应长；相对容易或者简单的项目，所占的授课和练习时间相应短。这些都需要教员在课程表中精心安排、合理调配。有些学校同时授课的班级较多，还存在合理安排实操教室的问题。这些都需要事先安排，这些安排最终都以课程表的形式体现出来。

3. 五级/初级工、四级/中级工消防设施操作员理论培训的方法

（1）讲授法

讲授法是指教员通过口头语言直接向学员系统连贯地传授知识的方法。从教员教的角度来说，讲授法是一种传授型的教学手段；从学员学的角度来说，讲授法是一种接受型的学习方式。讲授法包括讲述、讲解等方式。讲述，多为教员向学员叙述事实材料，或描绘所讲对象，例如讲解湿式报警阀的组成。讲解，是教员对概念、定律、公式、原理等进行说明、解释、分析或论证，例如分析燃烧的链式反应。

科学应用讲授法的基本要求是：

① 讲授的内容要具有科学性和思想性。无论是描绘情境、叙述事实，还是阐释概念、论证原理，都应当准确无误、翔实可靠。

② 讲授的过程要具有渐进性和扼要性。要根据教材各部分间的内在联系，由浅入深、从简至繁、循序渐进。要突出重点、抓住难点、解决疑点，或使描绘的境界突出，或将蕴含的情理挑破，或把深邃的见解点明，使之意味隽永、情趣横生。

③ 讲授的方式要多样、灵活。教员要把讲授法与其他方法诸如谈话、演示等交互运用，还要与复述、提问、讨论等方式穿插进行，以求综合效应，防止拘泥于一格。

④ 讲授的语言要精练准确。总的要求是：叙事说理，言之有据，把握科学性；吐字清晰，措辞精当，力求准确；描人状物，逼

真细腻，生动形象；节奏跌宕，声情并茂，富有感染力；巧譬善喻，旁征博引，加强趣味性；解惑释疑，弦外有音，富有启发性。

⑤ 运用讲授法教学，要配合恰当的板书或课件。板书要字迹工整、层次分明、详略得当、布局合理。

⑥ 运用讲授法教学时，要教会学员在书上做记号、画重点、提问题、谈见解、写眉批、写旁批、写尾批等。

讲授法是传统模式的培训方法，是培训中应用最为普遍的一种方法。在消防培训过程中，要注意抓住讲解的重点，讲究表达的艺术和技巧；善于启发和引导，保留适当的时间进行教员与学员之间的沟通，用问答等形式获取学员对讲授内容的反馈；要尽可能地将理论与实际相结合，避免枯燥乏味的说教，在培训时尽可能先引入一些技能操作部分的实例，引起学员的感性认识，再用理论对技能部分进行解释说明。为了增强培训效果，还可借助投影仪等辅助设备，突出重点，便于学员学习和记笔记。

讲授法的优点是能同时实施于多名学员，成本较低，易于掌握和控制培训进度。它的缺点是学员处于被动接受和有限思考的地位，参与性不高，如果没有及时的技能操作作补充，很容易导致讲和学脱节。

（2）谈话法

谈话法也称问答法或者讨论法，是教员根据学员已有的知识和经验，通过师生间的问答使学员获取知识的方法。谈话前，教员要在明确教学目的、把握教材重点、摸透学员情况的基础上做好充分准备，认真拟订谈话的提纲，精心设计谈话的问题，审慎选择谈话的方式。谈话时，教员提出的每一个问题都应紧扣教材、难易适当，既要面向全体，又要因人而异。谈话后，教员要及时小结，对学员零乱的知识进行梳理，对其错误的地方予以纠正，对其含混的答案予以澄清。

讨论可以安排在讲授开始时，也可以安排在讲授过程中，或课堂内容结束之后。在讲授过程中，可能会出现自发性的讨论，这种情况往往在互动过程中，学员会有不同的回答，提出不同的想法，教员要善于把握授课与讨论的时间，并适时地进行总结，如果当时能确定一个结论，那么这个结论一般来讲比较容易被接受。讨论可以是正式的，也可以是非正式的。在课后或其他时间的讨论，例如参加会议培训时的讨论，都可以作为培训的实施方式之一。通过这种双向的多项交流，可以交流经验，也可以自我启发，通过讨论可以形成团队精神和良好的人际关系，对团队精神和工作态度的培养大有益处，也可以使讨论的团队或小组对某一问题共同提高认识。

在正式授课之后，一般都要安排答疑。教员要针对学员可能提出的问题事先做好充分的准备，并善于在答疑中发现问题，及时总结，做好信息反馈，提高培训系统整体的效果。

要点 132 消防操作技能培训的内容和方法

职业功能	工作内容	技能要求	相关知识要求	分项考点	分数	总分
6 技术管理和培训	6.2 开展消防培训	6.2.2 能对四级/中级工及以下级别人员进行操作技能培训	6.2.2 本职业四级/中级工及以下级别人员操作技能培训的内容和方法	1. 实物直观	1	3
				2. 模象直观	1	
				3. 言语直观	1	

【培训重点】

掌握《消防设施操作员国家职业技能标准》对五级/初级工、四级/中级工消防设施操作员"技能要求"的具体内容。

熟练掌握五级/初级工、四级/中级工消防设施操作员操作技能培训的方法。

【知识要求】

一、《消防设施操作员国家职业技能标准》对消防设施操作员的"技能要求"的内容

在职业技能标准中，技能要求是完成每项工作内容应达到的结果或应具备的能力，是工作内容的细分。

《消防设施操作员国家职业技能标准》对消防设施操作员的"技能要求"按照级别不同而有所不同，对五级/初级工、四级/中级工、三级/高级工消防设施操作员"技能要求"的内容可参见《消防设施操作员国家职业技能标准》。职业标准中标注"★"的为涉及安全生产或操作的关键技能，如考生在技能考核中违反操作规程或未达到该技能要求，则技能考核成绩为不合格。需要注意的是，不同等级的消防设施操作员的关键技能要求并不相同，五级/初级工消防设施操作员设有 10 项关键技能、四级/中级工消防设施操作员设有 25 项关键技能。

二、五级/初级工、四级/中级工消防设施操作员操作技能培训的方法

五级/初级工、四级/中级工消防设施操作员操作技能培训主要采用直观法。直观性教学方法是教员通过实物或教具进行演示，组织学员进行教学性参观等，使学员利用各种感官直接感知客观事物或现象而获得知识、形成技能的教学方法，也称直接传授法。在消防培训实践中，通过对实物的功能讲解和实际操作的演示讲解，使学员能固化理论知识，通过实际动手操作，学习消防设施设备的操作、检测和维护保养。这种方法以直接感知为主要形式，其特点是生动形象、具体真实，学员视听结合，记忆深刻。在五级/初级工、四级/中级工消防设施操作员培训中，知识直观的最终形式是实物直观＋模象直观＋言语直观。具体来说，主要有以下几种方法。

1. 实物直观

实物直观即通过直接感知要学习的实际事物而进行学习的一种直观方式。例如，观察各种实物、演示各种实验、进行实地参观访问等都属于实物直观。由于实物直观是在接触实际事物时进行的，它所得到的感性知识与实际事物间的联系比较密切，因此它在实际生活中能很快地发挥作用。同时，实物直观给人以真实感、亲切感，因此它有利于激发学员的学习兴趣，调动学习的积极性。但是，实物有时难以突出事物的本质要素，学习者必须"透过现象看

本质"，这具有一定的难度。同时，由于时间、空间和感官选择性的限制，学员难以通过实物直观获得许多事物清晰的感性知识。由于实物直观有这些缺点，因此它不是唯一的直观方式，还必须有其他种类的直观方式。

2. 模象直观

模象即事物模拟性形象。模象直观即通过对事物的模象直接感知而进行学习的一种直观方式。例如，对各种图片、图表、模型、幻灯片、教学电影电视等的观察和演示，均属于模象直观。由于模象直观的对象可以人为制作，因而模象直观在很大程度上可以克服实物直观的局限，扩大直观的范围，增强直观的效果。首先，它可以人为地排除一些无关因素，突出本质要素。其次，它可以根据观察需要，通过大小变化、动静结合、虚实互换、色彩对比等方式扩大直观范围。但是，由于模象只是事物的模拟形象，而非实际事物本身，因此模象与实际事物之间有一定的差距。为了使通过模象直观获得的知识在学员的生活实践中发挥更好的定向作用，一方面应注意将模象与学员熟悉的事物相比较，另一方面，在可能的情况下，应使模象直观与实物直观结合进行。

3. 言语直观

言语直观是在形象化的语言作用下，通过对语言的物质形式（语音、字形）的感知及对语义的理解而进行学习的一种直观形式。言语直观的优点是不受时间、地点和设备条件的限制，可以广泛使用；能运用语调和生动形象的事例去激发学员的感情，唤起学员的想象。但是，言语直观所引起的感知，往往不如实物直观和模象直观鲜明、完整、稳定。因此在可能的情况下，应尽量与实物和模象配合使用。

附录 检测方案书示例

仪器设备清单

序号	机械或设备名称	型号规格	使用状况	备注
1	红外热电视	DL-500E	良好	
2	红外热像仪	DL-700A	良好	
3	红外测温仪	ST80	良好	
4	超声波侦测器	PCU700-AT	良好	
5	接地电阻测试仪	C. A. 6412	良好	
6	谐波分析仪	41B	良好	
7	数字式交、直流钳形表	DM6056	良好	
8	真有效值钳形电流表	F318	良好	
9	接地电阻测试仪	EC2P13	良好	
10	漏电保护器测试仪	M900	良好	
11	可燃气体检测仪	SP-112	良好	
12	数码摄像机	DCR-TRVDE	良好	
13	数码照像机	S602Z	良好	
14	照度计	LX-101	良好	
15	电子温湿度表	DWS508C10	良好	
16	风速仪	AM-4201	良好	
17	微压机	DP1000-111B	良好	
18	火灾模拟发生装置加烟测试仪	CAY-03	良好	

序号	机械或设备名称	型号规格	使用状况	备注
19	火灾模拟发生装置加温测试仪	CAY-04	良好	
20	消火栓系统试水检测装置	SSG-1	良好	
21	对讲机	VX-160U	良好	

拟派本检测工程管理以及检测人员名单

序号	姓名	职称	专业	职务

检测依据

(1) 施工质量验收规范
(2)《建筑消防设施维修保养规程》DB11/T1620—2019
(3)《建筑消防设施检测评定规程》DB11 1354—2016
(4)《建筑消防设施的维护管理》GB 25201—2021
(5)《自动喷水灭火系统施工及验收规范》GB 50261—2017
(6)《火灾报警控制器》GB 4717—2005
(7)《气体灭火系统施工及验收规范》GB 50263—2007
(8)《消防应急照明和疏散指示系统技术标准》GB 51309—2018

消防设施检测方案

一、检测时间

经甲方与乙方共同商定，于____年__月__日—____年__月__日对万通中心进行消防设施年度技术检测。预计检测时间为____个工作日。

二、本次检测的主要消防设施和系统

火灾自动报警系统、消防供水系统、消火栓系统、气体灭火系统、自动喷水灭火系统、防排烟系统、防火门及防火卷帘等。

三、检测人员

项目负责人：1人；检测员：5人

四、检测计划

进入检测现场首先召开双方技术协调会，乙方检测人员了解甲方消防设施的运行状况，并进行乙方检测员与甲方配合人员的分组。

序号	日期	检测项目	备注
1		火灾自动报警系统、消火栓及喷淋系统、电气防火检测、防火门	静态检测，各组合并

序号	日期	检测项目	备注
2		消防水泵房、气体灭火系统	静态检测
3		防排烟系统、卷帘门测试	
4		联动测试、出水试验	晚间进行
5		未完成项目补测	

1. 消防控制室

（消防控制室检测人员将工作至检测完成）

（1）检测人员：乙方检测员 1 人；甲方消防控制室设备操作人员 1 人；甲方总负责人 1 人。

（2）检测设施：报警控制器、联动控制盘、消防通信、消防广播、消防电源等消防控制设备。

（3）检测范围：以上设备全部检测。

2. 火灾自动报警系统

（1）检测人员：乙方检测员 1 人；甲方技术人员 1 人；配合人员或保安 1 人。

（2）检测设施：系统布线、火灾探测器、手动报警按钮、消防通信及广播、火灾应急照明及疏散指示标志等。

（3）检测范围：火灾探测器、手动报警按钮检测比例为 100%；其他设施每层抽检。

3. 消火栓及喷淋系统

（1）检测人员：乙方检测员 1 人；甲方技术人员 1 人；配合人员或保安 1~2 人。

（2）检测设施：消火栓箱及组件、喷淋头、水流指示器、末端试水装置、报警阀组、稳压设备、屋顶消防水箱、消防管网及阀门等。

（3）检测范围：喷淋头、消火栓箱、末端试水检测比例为 50%；其他全部检测。

4. 防排烟、防火门

（1）检测人员：乙方检测员 1 人；甲方技术人员 1 人；配合人

员或保安 1 人。

（2）检测设施：防排烟风机、防排烟系统风量风压测量、防火门及组件等。

（3）检测范围：防排烟风机及入口防火阀全部检测；风阀及风量风压测量为每三层抽检一层；防火门每层抽检。

5. 气体灭火系统

（1）检测人员：乙方检测员 2 人；甲方技术人员 2 人；配合人员或保安 1 人。

（2）检测设施：气体灭火保护区及储瓶间设施。

（3）检测范围：全部检测。如有可能应进行模拟启动试验。

五、联动检测计划

1. 防排烟系统联动试验、防火卷帘

（1）检测人员：乙方检测员 1 人；甲方技术人员 1 人；配合人员或保安 1 人。

（2）检测设施：防排烟系统联动试验、防火卷帘及组件、防火卷帘联动试验。

2. 消火栓及喷淋系统联动出水试验

（1）检测人员：乙方检测员 2 人；甲方技术人员 2 人；配合人员或保安 4 人。

（2）检测设施：消火栓泵启动出水试验及喷淋系统联动试验等。

3. 火灾自动报警联动试验

（1）检测人员：乙方检测员 1 人；甲方技术人员 1 人；配合人员或保安 2 人。

（2）检测设施：联动切断非消防电源、消防广播、电梯迫降、消防电梯功能等。

六、消防检测收尾工作及总结会

由乙方消防检测人员向甲方有关人员简要汇报此次检测情况，

并根据甲方的要求及消防设施具体检测状况进行复检或补检。

七、乙方检测人员现场检测纪律

（1）若未经甲方同意且无甲方人员陪同，检测人员不得随意走动或进出各房间和区域。

（2）检测人员必须严格遵守甲方各项规章制度，尤其是安全制度。

（3）检测人员有义务和责任向甲方技术人员讲解检测方法和技术标准，以利于甲方技术人员正确操作消防设备。

（4）消防设备运行过程中，检测人员不得离开设备现场，直至检测项目完成且消防设备复位后，方可离开。

（5）如遇特殊情况，检测员必须及时向项目负责人汇报并听从指示。

八、甲方配合人员应注意的问题

（1）检测过程中会对正常工作和生活造成一定的影响，会产生一定的噪声、振动（如泵、风机、声光报警、消防广播等），哪些工作区域不能受影响（如联动切电及声光报警），须向检测负责人说明。同时甲方在检测前应通知各部门做好相应准备工作。

哪些属于安全重点防范或重大火灾隐患的区域，须向检测负责人说明，并配备一定数量的安保人员，以便于检测工作的安全进行。

（2）如有条件，检测前甲方应安排对建筑消防设施进行自检，甲方技术人员应熟悉消防设施的安装位置、掌握操作方法等技能。防止检测过程中设备故障造成跑冒滴漏等现象，避免不必要的损失。检测中会出现水渍和灰尘，如有保洁人员配合则会降低影响。

（3）哪些消防设备故障不能正常运行，须向检测人员说明。

（4）易燃、易爆、禁止明火的区域，须向检测人员说明。

（5）进行下午静态检测时，甲方应能打开大部分房间和区域门（除避开和不检区域外），以节省检测时间。

（6）检测时如发生特殊情况，由双方负责人协商解决。

（7）如甲方技术人员较少，检测工作可按消防系统功能依次进行，但可能会延长检测时间。如检测工作顺利需提前进行其他消防设施检测时，由双方负责人在不影响甲方工作的情况下根据具体情况共同商定并实施。

（8）为保证检测工作的顺利进行，希望甲方技术人员准备火灾探测器安装点位图或有关技术图纸及一些辅助工具，如梯子、管钳、插孔电话、手报复位器、末端放水管等必备工具。

电气防火检测方案

一、检测时间

经甲方与乙方共同商定，于＿＿＿年＿月＿日—＿＿＿年＿月＿日对万通中心进行电气防火安全年度技术检测。预计检测时间为 10 个工作日。

二、本次检测的主要电气设施

高低压变配电室、动力及照明配电柜/盘、开关、插座、照明装置、装饰灯具、配电线路及电力电缆、其他用电电器、临时用电线路等电气设备。

三、主要检测依据和方法

依据《北京市电气防火检测技术规范》DB11/065—2010，使用红外测温仪、红外热电视、超声波探测仪和真有效值电流表等电工仪表，运用现代检测技术手段进行温度、火花、电弧和电路技术参数的综合性检测。另外，还结合直观检查方法进行检测。

四、检测人员

甲方配合人员：甲方检测负责人 1 名；高低压变配电室值班人员；电工 2 名。

乙方检测人员：项目负责人 1 名；检测员 3 名。

五、主要检测项目

1. 高低压变配电室

检测项目：变压器的性能、连接、负荷、温度、火花放电情况；配电柜的性能、连接、负荷、温度、火花放电情况；电容器的性能、连接、负荷、温度、火花放电情况；电力电缆的连接、负荷、温度、火花放电情况；变配电室的环境状况。以上设施全部检测。

2. 配电箱/盘、开关箱、电度表箱

检测项目：配电箱/盘、开关箱、电度表箱等的性能、连接、负荷、温度、火花放电情况及环境状况。5kW 以上配电箱/盘等全部检测，其他根据负荷抽检，但抽检比例不低于 50%。

3. 开关、插座、照明装置，装饰灯具

检测项目：开关、插座（包括移动式插座）、照明装置，装饰灯具等的安装、连接、负荷、温度、火花放电情况及环境状况。根据环境状况抽检，装修复杂处、人员聚集处、环境状况不良处重点检测。

4. 配电线路（包括临时供电线路）及电力电缆

检测项目：导线及电缆的敷设、与电器设备的连接、负荷、温度、火花放电情况及环境状况。强电井应全部检测。其他区域根据环境状况抽检，装修复杂处、人员聚集处、环境状况不良处重点检测。

5. 其他用电电器（主要包括易发热电器，如厨房电器、电热水器、电动机等）

检测项目：用电电器的安装、运行、连接、负荷、温度、火花放电情况。根据环境状况抽检，装修复杂处、人员聚集处、负荷较大处、环境状况不良处重点检测。

六、乙方检测人员现场检测纪律

（1）若未经甲方同意且无甲方人员陪同，检测人员不得随意走动或进出各房间和区域。

（2）检测人员必须严格遵守甲方各项规章制度，尤其是安全制度。

（3）检测人员有义务和责任向甲方技术人员讲解检测方法和技术标准，以利于甲方技术人员正确操作电气设备。

（4）如遇特殊情况，检测员必须及时向双方项目负责人汇报。由双方检测负责人协商，听从指示后方可进行下一步的检测工作。

七、甲方配合人员应注意的问题

（1）电气防火安全检测为在带负荷情况下进行的检测，正确的操作不会造成停电等不良影响。但检测过程中会对正常工作和生活造成一定的影响，哪些工作区域不能受影响，须向检测项目负责人说明。同时甲方在检测前应通知各部门做好相应准备工作。

哪些属于安全重点防范或重大火灾隐患的区域（如易散发可燃气体、防爆场所、防盗场所），须向检测人员说明，并配备一定数量的安保人员，以便于检测工作的安全进行。

（2）如有条件，检测前甲方应尽可能多地使电气带负荷运行，甲方技术人员应了解电气设备的安装位置、掌握操作方法，防止检测过程中造成断电等不良影响，避免不必要的损失。

（3）哪些电气设备故障不能正常运行，须向检测人员说明。

（4）甲方应能打开大部分房间和区域门（除避开和不检区域外），尤其是安装电气设备的区域（如强电井、空调通风机房等），以节省检测时间。

（5）检测时如发生特殊情况，由双方负责人协商解决。

（6）为保证检测工作的顺利进行，希望甲方技术人员准备电工常用工具。

（7）建议维保单位参与检测，有利于开展工作。

检测范围

在本项目中，根据公司内消防设置及电气防火检查标准进行编制，检测范围包括全楼电气防火检测及消防设施的检测。

1. 电气防火检测

电气防火检测内容包括：低压柜内断路器、互感器、电容器等运行接点温度、导线温度，配电小间开关柜、配电箱设备接点温度及电缆进出线的防护，电缆孔洞及过线孔洞（穿越楼板）、竖井是否封堵，开关电气上下级的整定值是否匹配，明敷、暗敷及闷顶内电气线路的敷设是否符合规范要求，临时线路的敷设、是否符合规范要求，电气线路中电缆、电线的保护情况检查，电缆桥架是否完整盖板齐全，进出线口是否防护到位，电气线路与供热管线、燃气管线的距离是否符合规范要求，照明灯具、开关、插座。

2. 消防检测

消防检测项目如下表所示。

序号	主要项目	专业	备注
1	防、排烟系统	风	检测排烟系统风机、风道、防火阀、送风口、主备电源设置状况及其功能； 检查通风空调系统的管道和防火阀的设置状况； 对各个系统进行手动、自动及联动功能试验
2	正压送风系统	风	检查正压送风系统的风管、风机、送风口设置状况并测量其风速和正压送风值

续表

序号	主要项目	专业	备注
3	消防喷淋系统	水	检查管网的安装、连接、设置喷头数量及末端管径等； 检查水流指示器和信号阀的安装及其功能； 检测报警阀组的安装、阀门的状态、各组件及其功能； 检测喷淋头的安装、外观、保护间距和保护面积及与邻近障碍物的距离等； 对报警阀组进行功能试验； 对自动喷淋水（雾）系统进行功能试验
4	室内消火栓系统	水	检查室内消火栓的安装、组件、规格及其间距等； 检测屋顶消火栓的设置、防冻措施及其充实水柱长度等； 检查室内消火栓管网的设置、管径、颜色、保证消防用水及其连接形状等； 检测室内消火栓的首层和最不利点的静压、动压及其充实水柱长度； 检查手动启泵按钮的设置及其功能
5	消防水系统	水	检查消防水源的性质、进水管的条数和直径及消防水池的设置状况； 检查消防水池的容积、水位指示器和补水设施、保证消防用水和防冻措施等； 检查消防水箱的设置、容积、防冻措施、补水及单向阀的状况等； 检测各种消防供水泵的性能、管道、手/自动控制、启动时间、主备泵和主备电源转换功能等； 检测水泵结合器的设置、标志及输送消防水的功能等

序号	主要项目	专业	备注
6	水炮系统	水	
7	气体灭火系统	气	检查气体灭火系统的储瓶间的设备、组件、灭火剂输送管道、喷嘴及防护区的设置和安装状况；对气体灭火系统模拟联动试验，查看先发声、后发光的报警程序，查看切断火场电源、自动启动、延时启动量、防火阀和排风机、喷射过程、气体释放指示灯等的动作是否正常
8	燃气系统	水	
9	火灾报警系统	弱电	检测火灾自动报警系统线路的绝缘电阻、接地电阻、系统的接地、管线的安装及其保护状况；检测火灾探测器和手动报警按钮的设置状况、安装质量、保护半径及与周围遮挡物的距离等，并按30%~50%的比例抽检其报警功能；检测火灾报警控制器的安装质量、柜内配线、保护接地的设置、主备电源的设置及其转换功能，并对控制器的各项功能进行测试；检测消防设备控制柜的安装质量、柜内配线、手/自动控制及屏面接受消防设备的信号反馈功能；检测消防控制室、各消防设备间及消火栓按钮处的消防通信功能；检测消防控制室的设置位置及明显标志、室内防火阀及无关管线的设置、双回路电源的设置和切换功能
10	消防广播	弱电	检测火灾应急广播的音响功能，手动选层和自动广播、遥控开启和强行切换等功能
11	消防电话	弱电	电话通信及插孔电话功能，通话是否清晰

序号	主要项目	专业	备注
12	应急照明系统	强电	检测火灾应急照明和疏散指示标志的设置、照度、转换时间和图形符号
13	疏散指示系统	强电	标示设置、亮度等
14	切非消防电源	强电	切除非消防电源
15	消防电梯、步道	建筑	检测电梯的迫降功能、消防电梯的使用功能、切断非消防电源功能和着火层的灯光显示功能
16	防火卷帘、防火门	建筑	对其外观、安装、传动机构、动作程序及其手动和联动功能进行检测

备注：实际检测项目依据甲方系统构成而确定。

消防设施检测

一、检测方案及内容

依据国家相关规范（如《高层建筑设计防火规范》《火灾自动报警系统设计规范》《自动喷水灭火系统设计规范》《消防应急照明灯具通用技术条件》《气体灭火系统施工及验收规范》等）进行消防检测设计。

建筑固定消防设施主要包括火灾自动报警系统、消火栓系统、自动喷水灭火系统、气体灭火系统、防排烟及通风空调系统、防火卷帘、防火门、应急疏散等系统。

二、具体检测内容

1. 火灾自动报警系统

检测火灾自动报警系统线路的绝缘电阻、接地电阻、系统的接地、管线的安装及其保护状况（每个回路检测）；检测火灾探测器和手动报警按钮的设置状况、安装质量、保护半径及与周围遮挡物的距离等，进行模拟响应测试，并按比例抽检；检测火灾报警控制器的安装质量、柜内配线、保护接地的设置、主备电源的设置及其转换功能，并对控制器的各项功能进行测试（100％检测）；检测消防设备控制柜的安装质量、柜内配线、手/自动控制及屏面接受消防设备的信号反馈功能（100％检测）；检测消防控制室、各消防设备间及消火栓按钮处的消防通信功能；检测消防控制室的设置位置及明显标志、室内防火阀及无关管线的设置、双回路电源的设置和切换功能；检测火灾应急广播的音响功能，手动选层和自动广播、遥控开启和强行切换等功能；检测电梯的迫降功能、消防电梯的使用功能（100％检测），切断非消防电源功能和着火层的灯光显示功能；检测火灾应急照明和疏散指示标志的设置、照度、转换时间和图形符号。

相关技术要求：火灾自动报警系统（应急广播、消防电梯、事故照明及疏散指示灯）。

系统组成：电源、火灾报警控制器、火灾报警触发装置、消防联动控制设备、消防通信设备、火灾应急广播、消防电梯、火灾应急照明及疏散指示装置等。

（1）电源

交流电源：规范要求火灾报警控制器主电源采用专用消防电源，或采用单独的供电回路，不能与日常用电合用（包括控制室监控电源、空调电源），《高层建筑设计防火规范》（以下简称《高规》）还要求双电供电，设置自动转换装置。

主电源容量要求为：火灾报警控制器在20％的报警部位（10≤报警点≤32）处于正常报警状态条件下，应能连续正常工作 4h，还有电压稳定度、负载稳定度不大于5％等要求。主电源不应采用漏电保护开关保护，不能采用插头连接。除主电源供电外，还要有直流备用电源。

（2）消防控制室及火灾报警控制器

1）消防控制室：规范要求消防控制室的标志应齐全。消防控制室入口处应有明显标志（塑料、金属）；控制器主电源要有明显标志；保护接地要设明显标志；控制器及消防控制设备外接导线端部应有明显标志；不同电压等级、不同电流类别的端子应有明显标志；消防联动控制盘面应有明显标志。

2）火灾报警控制器：控制器柜内导线要求布线美观、绑扎成束，导线编号、端子压接导线少于 2 根。火灾自动报警系统应设专用接地干线，应采用铜芯绝缘导线，其芯线截面积不小于 $25mm^2$，消防控制室接地板的接地线也应选用铜芯绝缘导线，其芯线截面积

不小于 $4mm^2$。

3）控制器主要功能：消音功能、复位功能、故障报警功能、火灾报警功能、二次火警功能、火灾优先功能、自检功能、显示记忆功能、屏蔽功能等。

（3）消防联动控制设备

消防联动控制设备电源容量试验和控制器试验类似。

1）火灾探测器和手动报警按钮（火灾触发装置）。

2）消防通信、应急广播、消防电梯、火灾应急照明及疏散指示装置。

①消防通信：消防控制室应设置消防专用电话总机，设备间（泵房、风机房、空调机房、配电室、分控室等）应设专用电话分机，手动报警按钮、消火栓按钮等处宜设插孔电话。要求通话时语言清晰、通话可靠。

②应急广播：控制中心报警系统应设置火灾应急广播，集中报警系统宜设置火灾应急广播，未设置火灾应急广播的火灾自动报警系统应设置火灾警报装置。扬声器功率不小于 3W，任何部位距离不大于 25m，声压级高于背景 15dB。也可与日常公共广播系统合用，平时用于广播、背景音乐等，火警时消防控制室应能强制转入应急广播状态，即相应楼层或防火分区的扬声器和公共广播扩音机（功放机）强制转入应急广播状态。

③消防电梯：普通电梯要求在火警时能强制降于首层，打开轿厢门，不作疏散用。而消防电梯除要求在控制室和首层都能强制降于首层外，还要求有消防操作功能，即不能外呼、轿厢内可操作、设专用电话、有排水设施等。消防控制室应能控制电梯全部停于首层并接收其反馈信号。

④应急照明及疏散指示装置：规范要求，应急照明和疏散指示装置连续供电工作时间不少于 20min，应急照明度不低于 0.5lx、地下室不低于 5lx、疏散指示照度不小于 0.5lx。消防控制室应能切断有关部位的非消防电源，并接通火灾应急照明及疏散指示装置。

2. 消防供水及消火栓系统

检查消防水源的性质、进水管的条数和直径及消防水池的设置状况（100％检测）；检查消防水池的容积、水位指示器和补水设施、保证消防用水和防冻措施等（100％检测）；检查消防水箱的设置、容积、防冻措施、补水及单向阀的状况等（100％检测）；检测各种消防供水泵的性能、管道、手/自动控制、启动时间、主备泵和主备电源转换功能等（100％检测）；检测水泵接合器的设置、标志及输送消防水的功能等（100％检测）。检查室内消火栓的安装、组件、规格及其间距等；检测屋顶消火栓的设置、防冻措施及其充实水柱长度等（100％检测）；检查室内消火栓管网的设置、管径、颜色、保证消防用水及其连接形状；检测室内消火栓的首层和最不利点的静压、动压及其充实水柱长度（按每个供水分区最不利点及首层均进行出水测试）；检查手动启泵按钮的设置及其功能。

相关技术要求：室外消火栓系统较为常见采用市政供水。地下式室外消火栓井盖及附近应有标志，平时注意维护阀门、接口，保持清洁、干燥，启闭灵活。室内消火栓系统分为市政供水系统和临时高压给水系统（设消火栓泵）。市政供水系统由消火栓箱、管网、水源构成。临时高压给水系统由消火栓箱、消火栓启泵按钮、管网、水泵、水源构成。

消火栓管网进水管不少于 2 根，应为独立的，当有一根需要检修时不影响系统管网的供水。管网应布置成环状。消火栓启泵按钮要有保护措施；报警要准确，设有报警系统的要显示部位；并能联动消火栓泵，当消火栓泵启动后应有红色指示灯指示。消火栓栓口静水压力不低于 0.07MPa、不高于 0.8MPa；出水压力不大于 0.50MPa，最主要是充实水柱长度不小于 7m（《高规》要求为10m）。

3. 自动喷水灭火系统

检查管网的安装、连接、设置喷头数量及末端管径等；检查水流指示器和信号阀的安装及其功能；检测报警阀组的安装、阀门的状态、各组件及其功能（100％检测）；检测喷淋头安装、外观、保护间距和保护面积及与邻近障碍物的距离等；对报警阀组进行功能试验（100％检测）；对自动喷淋水（雾）系统进行功能试验。

相关技术要求：组成包括喷头、排水设施（管网）、水流指示器、末端试水装置、检修阀、报警阀组、水泵、水源。

喷头：在装设通透性吊顶的场所，喷头应布置在顶板下，距顶板的距离不小于75mm、不大于150mm。喷头距梁、通风管道距离要符合规范要求，高于底边0.14m时，0.6m≤水平距离≤0.9m，高于底边0.35m时，1.2m≤水平距离≤1.5m，当通风管道宽度大于1.2m时，应增设喷头。如果喷头安装位置较低，也可增加集热挡水板。

排水设施：湿式报警阀处应设有排水设施。试水管管径应为25mm，最好将泄水管直接引至水池、地漏，以便随时进行放水试验。

水流指示器：水流指示器一般与检修阀相邻设置，距离不小于300mm，应设在便于维修的场所（同检修阀）。

报警阀组（湿式）：水力警铃是利用水流的冲击发出声响的报警装置，应设在有人值班或公共场所（或附近），通过水力达到报警目的。压力开关是一种利用水压推动微动开关将水压转换成电信号的装置。稳压系统：喷淋系统的稳压是非常重要的，是决定报警阀动作与否的关键所在。

4. 气体灭火系统

检查气体灭火系统的储瓶间的设备、组件、灭火剂输送管道、喷嘴及防护区的设置和安装状况（100％检测）；对气体灭火系统模拟联动试验，查看先发声、后发光的报警程序，查看切断火场电源、自动启动、延时启动量、防火阀和排风机、喷射过程、气体释放指示灯等的动作是否正常。

5. 防排烟系统、防火卷帘、防火门

检测排烟系统风机（100％检测）、风道、防火阀、送风口、主备电源设置状况及其功能；检查通风空调系统的管道和防火阀的设置状况；对各个系统进行手动、自动及联动功能试验；检查正压送风系统的风管、风机、送风口设置状况并测量其风速和正压送风值；检测防火卷帘、防火门的外观、安装、传动机构、动作程序及其手动和联动功能。

相关技术要求：防排烟及通风空调系统分正压送风系统、机械排烟系统、通风空调系统三部分。

正压送风系统由送风机、送风管道、送风口及相关阀体等组成。《高规》要求，楼梯间正压值：$40Pa \leqslant$ 正压值 $\leqslant 50Pa$，前室正压值：$25Pa \leqslant$ 正压值 $\leqslant 30Pa$。

机械排烟系统一般设置在走道、中庭、（前室）、地下车库、地下室等。火灾中对人员造成最大伤害的是烟气，历次火灾中因烟气导致人员窒息的比例也是最高的，因此机械排烟系统是不容忽视的。

机械排烟系统由排烟机、排烟防火阀、排烟管道、排烟口（排烟阀）等组成。

通风空调系统主要是防火阀（70℃）。火灾和烟气的横向及纵向蔓延主要是通过防火墙的孔洞蔓延。当有火警时，相应的空调送风系统应联动关闭，也就是切断非消防电源功能，并有正确的反馈信号传送到控制室。

防火卷帘、防火门：防火卷帘分为钢质防火卷帘、双层无机布（基）防火卷帘。

联动控制功能：分为两种，作为防火分隔的卷帘，可直接降至底位（有的设延时）。作为疏散通道上的防火卷帘，可分两步降低：感烟探测器动作后，卷帘下降至距地面1.8m；感温探测器动作后卷帘下降到底，卷帘关闭信号应传送至消防控制室。

防火门包括电动防火门、普通防火门。建筑的通道、走廊等处设常开防火门，门任一侧探测器报警后，防火门机构释放，防火门自动关闭，其反馈信号应传送到消防控制室。

电气防火检测方案

公司配置了高级工程师和具有丰富实践经验的技术人员，所有人员都通过电气防火检测培训，经考核后取得"上岗证"，熟练掌握电气防火技术规范的内容及检测方法。

按照消防协会的规定，公司配置了品种齐全、性能先进的高科技检测仪器，主要设备为红外测温仪、红外热电视、超声波探测仪、真有效值电流表、数码照相机、可燃气体测试仪和多种现代电工仪器，可对运行中的电气装置进行不停电、非接触式检测，能够快速准确地发现过热和打火放电等电气火险隐患。

一、电气防火检测的内容

(1) 低压柜内断路器、互感器、电容器等运行接点温度、导线温度；

(2) 变电室高低压电缆运行温度、电缆进出线的防护；

(3) 配电小间开关柜、配电箱设备接点温度及电缆进出线的防护；

(4) 电缆孔洞及过线孔洞（穿越楼板）、竖井是否封堵；

(5) 开关电气上下级的整定值是否匹配；

(6) 明敷、暗敷及闷顶内电气线路的敷设是否符合规范要求；

(7) 临时线路的敷设是否符合规范要求；

(8) 电气线路中电缆、电线的保护情况检查；

(9) 电缆桥架是否完整、盖板齐全，进出线口是否防护到位；

(10) 电气线路与供热管线、燃气管线的距离是否符合规范要求；

（11）照明灯具、开关、插座。

二、检测方案

根据上述检测内容，特制定以下检测方案：

依据国家有关电气防火管理规范，按照北京质量技术监督局批准、实施的《北京市电气防火检测技术规范》和有关设计施工及验收规范等技术标准进行检测。

为能切实保证检测质量，确保检测结果的准确和可靠，公司采用现代化科技仪器设备进行即时性电气防火检测，提供检测报告，指出存在的电气火灾隐患以及消除这些隐患的整改建议，从而最大限度地预防和减少电气火灾的发生。

1. 低压配电装置

（1）直观检查

① 电压、电流指示值应正常。

② 各种设备（含母线）的各部位连接点应无过热、锈蚀、烧伤、熔接等异常现象。

③ 各种设备的套管、绝缘子外部无破损、裂纹、放电痕迹；低压电气设备的灭弧装置，如灭弧栅、灭弧触头、灭弧罩、灭弧用绝缘板应完好无损；绝缘导线穿越金属构件时，应有绝缘导线不被损伤的保护措施；隔离用的挡板或隔板应无破损和无放电痕迹；电缆终端头应无过热和无放电痕迹；接地应完好。

（2）仪器检测

① 测量母线的连接点、分支接点、接线端子的温度；

② 测量刀开关触头、熔断器触头、电缆终端头的温度；

③ 测量柜内火花放电声音和位置；

④ 从进线柜上仪表读取各相线电流，测量中性线（N 线）和保护地线（PE）的异常电流。测量各分支回路的相线电流。

2. 电力电容器

（1）装置电容器组的结构物（台架及柜体）应采用不燃材料

制作。

（2）装设在室内的低压电容器应采用干式塑膜型电容器。

（3）电容器组的断路器、熔断器的接线和放电回路（放电变压器、电压互感器、放电电阻等）及其引线应完好。

（4）电容器组在运行时，应无火花或放电声等放电现象。

（5）低压电容器组控制系统（包括补偿控制器、接触器等控制回路）工作应正常。

3. 室内低压配电线路（公共区域）

（1）直观检查

① 金属管配线

闷顶内有可燃物时，其配电线路应穿金属管保护。

导线穿入钢管时，管口处应装设护线套保护导线，在不进入接线盒（箱）的垂直管口，穿入导线后，应将管口密封。

在严重腐蚀性的场所（如酸、碱和具有腐蚀性的化学气体），不宜采用金属管配线。敷设在潮湿场所的管路，应采用镀锌钢管。干燥场所的管路可采用电线管。

金属管在入接线盒、灯头盒、开关盒等处应符合下列规定：

明装金属管应加锁母和护口，多尘、潮湿场所外侧并加橡皮垫圈。有振动的地方和有人进入的木结构闷顶内的管路，入盒时应加锁。敷设的接线盒、灯头盒、开关盒的敲落孔，除对实装管孔敲落外其他备用的不应敲掉。护套线严禁直接敷设在抹灰层、闷顶、护墙板、灰幔角落和墙壁内。护套线与接地导体或不发热管道等紧贴交叉处，应加绝缘保护管，敷设在易受机械损伤场所的护套线，应加设钢管保护。护套线进入接线盒（箱）或与设备、器具连接时，护套层应引入接线盒（箱）内或设备器具内。

② 线槽配线

金属线槽应经防腐处理，具有槽盖的封闭式金属线槽，可在闷顶内敷设。塑料线槽必须具有阻燃性能。线槽应敷设在干燥和不易受机械损伤的场所。线槽内的导线不应有接头，接头应设在接线盒内。金属线槽应可靠接地，但不应作为设备的接地线。

③ 可挠性金属管配线

敷设在多尘或潮湿场所的可挠金属保护管，管口及其各连接处均应密封严实。在可挠金属保护管有可能受重物压力或明显机械冲击处，应采用保护措施。在闷顶内从接线盒引向器具的绝缘导线应采用可挠金属管或金属软管等保护，导线不应有裸露部分。

④ 装饰工程配线

装饰工程如有可燃性装饰材料时，配电线路应采用铜芯导线，导线的接头应焊接。通过有装饰场所或部位的配电线路，每条支路均应单独设置断路器进行短路和过载保护。

动力设备和照明装置的配电线路穿越可燃、难燃装饰材料时，除配电线路应穿保护管外，尚应采用玻璃棉、岩棉等非燃材料做隔热阻燃保护。

配电线路设置在可燃装饰夹层时，应穿金属管保护，若受装饰构造条件限制局部不能穿金属管时，必须采用金属软管。其长度不宜大于 2m，导线不得裸露。

装饰工程内不应设临时配电线路，电源插座不应直接安装在可燃结构上，照明灯饰材料必须采用难燃性材料。

⑤ 导线连接

导线接头应设在盒（箱）或器具内，在多尘和潮湿场所应采用密封式盒（箱）；盒（箱）的配件应齐全，并固定可靠。在配线的分支连接处，干线不应受到支线的横向拉力。绝缘导线连接处应包扎绝缘，其绝缘水平不应低于导线本身的绝缘等级。

⑥ 导线与设备或器具连接

截面为 $10mm^2$ 及以下的单股铜芯线可直接与设备或器具的端子连接。截面为 $2.5mm^2$ 及以下的多股铜芯线芯应先拧紧搪锡或压接端子后再与设备或器具的端子连接。截面大于 $2.5mm^2$ 的多股铜芯线的终端，除设备自带插接式端子外，应焊接或压接端子后再与设备或器具的端子连接。接线端子压接导线不得多于两根。

导线接头、导线与设备或器具的接线端子测温，其最高允许温度应符合规定。探测导线接头、导线与设备或器具的接线端子打火放电现象。测量相线电流、中性线电流和 PE 线异常电流，绝缘导体的绝缘强度，绝缘体老化、腐蚀和机械损伤情况。绝缘导线芯线连接后，绝缘带应均匀紧密包缠。在接线端子的根部与绝缘层间和空隙处，应采用绝缘带严密包缠。导体绝缘体不应有严重老化、腐蚀和机械损伤现象。

⑦ 插座

当交流、直流或不同电压等级的插座安装在同一场所时，应有明显的区别，且必须选择不同结构、不同规格和不能互换的插座；其配套的插头，应按交流、直流或不同电压等级区别使用。落地插座应采用专用产品并具有牢固可靠的保护盖板。在潮湿场所，应采用密封良好的防水、防溅插座。插座靠近可燃物或安装在可燃结构上时，应采取隔热、散热等保护措施。暗装插座应采用专用盒。导线与插座连接处应牢固可靠，螺钉应压紧无松动，插座应完好无损。民用插座的保护接地线应选用与相线截面、绝缘等级相同的铜芯导线。移动式插座应采用合格产品，使用时应符合下列规定：电源线采用铜芯电缆或护套线，其长度不宜超过2m；具有保护地线（PE线）；严禁放置在可燃物上；严禁串接使用；严禁超载使用。

插座接线应符合下列规定：单相两孔插座，面对插座的右孔（或上孔）与相线相接，左孔（或下孔）与中性线相接；单相三孔插座，面对插座的右孔与相线相接，左孔与中性线相接。单相三孔、三相四孔及三相五孔插座的保护接地线（PE线）均应接在上孔，插座的保护接地端子不应与中性线端子直接连接。有插头的工作插座，其触头处应无过热和打火放电现象。

⑧ 开关

开关靠近或安装在可燃结构上时，应采取隔热、散热措施。开关使用时不应有过热和打火放电现象。

⑨ 低压断路器

低压断路器与熔断器配合使用时，熔断器应安在电源侧。低压断路器的接线，应符合下列规定：裸露在箱体外部且易触及的导线端子，应有绝缘保护。低压断路器脱扣装置的动作应可靠，过载脱扣整定值应与导线载流量相匹配。

⑩ 配电箱（盘）和开关箱

配电箱（盘）和开关箱的近旁不应堆放可燃物。配电箱（盘）和开关箱内的导线应绝缘良好、排列整齐、固定牢固，导线端头应用螺栓压接，并应有防松装置。检测低压断路器、低压隔离开关、刀开关、熔断器组合电器、防火用漏电保护器等的各接线端子的最高允许温度应符合相关标准要求。检测低压断路器、低压隔离开关、刀开关、熔断器组合电器、防火用漏电保护器等各接线端子，不应有打火放电现象。测量各接线端子连接线上的相线电流、中性线电流和 PE 线异常电流。

4. 照明装置

照明灯具上所装的灯泡不应超过灯具的额定功率。灯具各部件应无松动、脱落和损坏。照明灯具与可燃物之间的距离应符合下列规定：普通灯具不应小于 0.3m；高温灯具不应小于 0.5m；影剧院、礼堂用的面光灯、耳光灯泡表面不应小于 0.5m；当容量为 100～500W 的灯具不应小于 0.5m；容量为 500～2000W 的灯具不应小于 0.7m；容量为 2000W 以上的灯具不应小于 1.2m。当距离不够时，应采取隔热、散热措施。日光灯镇流器线圈的最高允许温度不应超过给定 t_w 值，如没有标注 t_w 值时，其最高允许温度不应超过 95℃（内有衬纸）和 85℃（内无衬纸）。电容器外壳的最高允许温度不应超过 t_c 值，如没有标注 t_c 值时，其最高允许温度不应超过 50℃。检测带电体对地（外壳）火花放电现象。

空调器的使用应符合下列规定：

空调器应单独供电；空调电源线应设置短路、过载保护。空调器不应安装在可燃结构上，其设备与周围可燃物的距离不应小于 0.1m。测量各连接点（含端子）温度。检测各种电气设备的火花放电现象。

检测项目：配电箱（盘）、开关箱（盘）、电控柜（盘）等的性能、连接、负荷、温度、火花放电情况及环境状况。5kW 以上配电箱、盘等全部检测，其他根据负荷抽检，但抽检比例不低于 50%。

三、甲方配合人员应注意的问题

电气防火安全检测为在带负荷下进行的检测，正确的操作不会造成停电等不良影响，但检测过程中会对正常工作和生活造成一定的影响，哪些工作区域不能受影响，须向检测负责人说明，同时希望甲方在检测前通知各部门做好相应的准备工作。

哪些属于安全重点防范或重大火灾隐患的区域（如易散发可燃气体、防爆场所、防盗场所），须向检测人员说明，并配备一定数量的安保人员，以便于检测工作的安全进行。

如有条件，检测前甲方应尽可能多地使电气带负荷运行，甲方技术人员应了解电气设备的安装位置、掌握操作方法，防止检测过程中造成断电等不良影响，避免不必要的损失。

有故障的电气设备不能正常运行，须向检测人员说明。甲方应能打开大部分房间和区域门（不检测区域除外），尤其是安装电气设备的区域（如强电井、空调通风机房等），以节省检测时间。

检测时如发生特殊情况，由双方负责人协商解决。

为保证检测工作顺利进行，希望甲方技术人员准备电工常用工具。

提供给乙方各建筑物内配电设施相关数据（如变、配电室，强电竖井或各层配电间，重要的机房及甲方指定检测的房间，易燃易爆场所等）。

根据技术要求，以下各项不属于本次电气防火安全检测内容：

受检单位的全封闭及带自锁、互锁运行的电气设施，不能连续带电运行的电气设施，成套电气装置（空调机组、锅炉、电梯类装置等）、家用电器产品内部的电气部件，变配电装置，二级箱（柜）以上设备［低压配电箱（柜）及以下设备进行检测］，未留有检查孔的闷顶内部以及正在安装未运行的电气设备。

贵方需安排相关专业人员与我方工程师协商制定应急方案。在消防检测过程中如发生跑水等现象，应有相关应急措施、方案。

如因贵方设备原因（不是我方违规操作引起的）造成损坏，我方不承担相应责任。

　　为了此次消防设施检测顺利完成，保证检测数据的准确性，检测时有贵方人员在场，我方人员方可进行检测。

　　所有相关消防联动设备的检测，双方应进行技术交底后，由贵方专业人员进行现场操作，我方只提出相关技术要求及采集检测数据。

特别提示

    我方检测完毕后，汇总当天检测工作情况，发现问题以书面形式递交甲方。各专业配合人员均到场，部署第二天检测事宜，并提交下一天检测内容。

    部分提出的问题由受检单位及时整改，我方安排复检，以保证尽快完成检测。

    检测条件

    电气防火检测需受检单位确定电气设备运行 1 小时以上，设备处于完全运行状态。

    消防设施检测前需受检单位进行自查自检、设备调试，以保证设备处于准工作状态

    贵方需安排相关专业人员与我方工程师协商制定应急方案。在消防检测过程中如发生跑水等现象，应有相关应急措施、方案。

    受检单位配合事项：

受检单位根据检测时间安排确定相关设备厂家或维保单位人员现场配合。

    消防检测时提供两个插孔电话，以备特殊区域与中控室通话。

    我方技术人员只提出相关技术要求，由受检单位人员进行具体操作，由于操作及设备原因造成的损失，我公司不承担任何责任。

    气体灭火系统联动测试需受检单位提供测试气体，以进行模拟

测试。

　　为了此次检测顺利完成，保证检测数据的准确性，检测时有贵方人员在场，我方人员方可进行检测。

　　受检单位需保证检测时提供能够进入所有区域内的钥匙。

针对本项目服务的建议

为了实现检测工作的目标，项目实施计划应进行充分的优化，能够并行开展的工作尽量并行开展，同时也应该充分考虑时间安排的可行性。

为方便我方熟悉检测现场情况，尽快开展检测工作，受检方应进行先期检查，做好准备工作。

双方应履行约定检测时间。

特殊场所需受检单位提供相关的图纸和技术资料。

对于检测中使用的检测仪器，检测人员应严格按操作规程使用，保证检测数据的真实可靠。

检测前，受检单位应组织好各受检系统的技术人员进行系统情况介绍。检测中，受检单位有关负责人和技术人员必须在场，配合检测人员工作。

以上为我公司提出的检测方案，经双方协商后具体实施。

为使检测工作顺利进行，我方将通过初检提出在消防设施及电气防火检测中存在的火灾隐患和系统故障、缺陷等问题，做到及时发现并耐心、细致、全面地向受检单位讲解隐患部位，提出整改建议。在检测报告中，对受检单位的电气防火状况及消防设施设置运行状况做出正确评价，以书面形式提出整改建议书，以便受检单位及早进行整改。